王学贤
杨春燕 著

# 情绪内耗管理手册

掌控了自己才能掌控人生

中华工商联合出版社

图书在版编目(CIP)数据

情绪内耗管理手册：掌控了自己才能掌控人生 / 王学贤，杨春燕著. — 北京：中华工商联合出版社，2023.12
ISBN 978-7-5158-3826-7

Ⅰ.①情… Ⅱ.①王… ②杨… Ⅲ.①情绪-自我控制-通俗读物 Ⅳ.①B842.6-49

中国国家版本馆CIP数据核字（2024）第003343号

## 情绪内耗管理手册：掌控了自己才能掌控人生

| 作　　者： | 王学贤　杨春燕 |
|---|---|
| 出 品 人： | 刘　刚 |
| 责任编辑： | 胡小英　楼燕青 |
| 装帧设计： | 华业文创 |
| 责任审读： | 付德华 |
| 责任印制： | 陈德松 |
| 出版发行： | 中华工商联合出版社有限责任公司 |
| 印　　刷： | 三河市华润印刷有限公司 |
| 版　　次： | 2024年1月第1版 |
| 印　　次： | 2024年1月第1次印刷 |
| 开　　本： | 710mm×1020mm　1/16 |
| 字　　数： | 172千字 |
| 印　　张： | 15 |
| 书　　号： | ISBN 978-7-5158-3826-7 |
| 定　　价： | 58.00元 |

服务热线：010—58301130—0（前台）
销售热线：010—58302977（网店部）
　　　　　010—58302166（门店部）
　　　　　010—58302837（馆配部、新媒体部）
　　　　　010—58302813（团购部）
地址邮编：北京市西城区西环广场A座
　　　　　19—20层，100044
网　　址：www.chgslcbs.cn
投稿热线：010—58302907（总编室）
投稿邮箱：1621239583@qq.com

工商联版图书
版权所有　侵权必究

凡本社图书出现印装质量问题，请与印务部联系。

联系电话：010—58302915

# 前 言
PREFACE

在生活和工作的过程中,每个人都要消耗心理资源。而一旦心理资源不足时,人就会处于一个情绪内耗的状态中,从而产生焦虑、犹豫、纠结、自责、羞愧等负面情绪。一个人若是长期处于一个负面、消极的情绪状态下,就会造成了极大的心理压力和疲劳感。

情绪内耗的人的情绪波动比较大,非常容易受到外界环境的影响。特别是在面对一些挫折和困难时,会表现出极端的情绪反应。这种情况下,人的情绪会变得更加负面。

那么,我们应该如何摆脱情绪内耗呢?

要想摆脱情绪内耗,你必须学会在行为和心理上控制自己,用严格和自律来控制自己,如此你才会变得越来优秀,越来越强大。

首先,我们要学会控制情绪。有一位哲学家说:"一个稳定平和的情绪比一百种智慧更有力量。"情绪是我们心理的晴雨表,看似并不能改变我们所遇到的事情,却能影响我们生活的质量。很多令我们筋疲力尽的事情,并不是由于这个人或这件事对自己产生了不可磨灭的伤害,而是我们自己控制情绪的能力出现了问题。

有时候,生活就是一地鸡毛,有太多的事情容易激起我们的负面情绪。如果任由它们肆意践踏我们的内心,事情只会向着更坏的方向

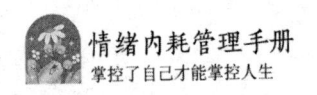

发展。所以，我们不仅要懂得管理它们，还要学会支配它们，把不良情绪巧妙转移。

其次，我们要学会控制焦虑。我们总会为了未知的明天而揪心，为了不能看透的目标而焦虑，却忽略了当下所拥有的幸福。实际上，前路无常，重在当下，就算是亿万富翁也会为了明天的事情而发愁。别让自己的想象害了自己，与其担心不必要的未来，倒不如享受当前最简单的幸福。

再次，我们还要学会控制压力。压力是我们工作和生活中不可避免的，但压力对我们的影响并非不可避免。并不是所有压力都是有害的，事实上，只要你有正确的反应，有些压力对你是有好处的。我们要学习去控制压力，而非被压力所控制。

当然，除了以上几点，要摆脱情绪内耗，我们还要学会控制拖延，克服天生的惰性；控制注意力，获得专注的力量。

从某一种角度说，管理情绪内耗的能力就是一个人选择的能力，一种能够化解内心冲突的能力，一种让理性占据主动的能力。本书不仅从情绪、焦虑、压力、完美主义、欲望等多个方面解析了管理情绪内耗的重要性，同时也给出了不少实操的方法。

让我们在充分感受到情绪内耗的人生究竟有多可怕，而扛得住干扰、顶得住压力、抵得住诱惑的人生又有多精彩的同时，训练和提高自己的情绪管理的能力。

# 目 录
## CONTENTS

**第一章　那些有成就的人，个个都是自控大师**　　001

　　心理自控力究竟是什么　　002
　　到底是谁在控制你　　005
　　做内心世界的旁观者　　008
　　信念的力量　　010
　　既然选择了，就不要轻易放弃　　012
　　真正优秀的人，从不抱怨　　015
　　自控力是高效自我管理的基因　　019

**第二章　情绪不失控，建立积极的心理暗示**　　023

　　这些人为什么会失控　　024
　　懂得制怒才能培养好脾气　　027
　　不要因一时失控而毁掉一件事　　030
　　永远不要做消极的假设　　032
　　逃避心理要不得　　035
　　如何克服心理摆效应　　037
　　学会及时宣泄不良情绪　　041
　　别让未发生的事情影响你的情绪　　044

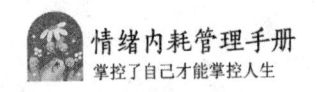

## 第三章　从重度焦虑症到自控达人的距离有多远　　**047**

改掉忧心忡忡的习惯　　048
忙起来，你就没时间想那些不开心的事　　050
给拖延一个最后期限　　053
倾诉疗法：把你的担忧说出来　　055
悦纳会犯错、有瑕疵的自己　　057
别在别人的标准里迷茫　　059
拒绝自责，让纠结焦虑的内心戏见鬼去吧　　062
在焦虑中学会和自己相处　　066
过去的错误，要么尽力补救，要么放下　　070

## 第四章　减负前行，做自己的心理压力调节师　　**073**

换个角度，逆境也能帮到你　　074
被拒绝，先别打退堂鼓　　077
挖掘潜能，提高个人逆商　　080
控制好你的欲望　　083
懂得为人生做减法　　085
人生不易，何必再为难自己　　088
不怨恨，要活在温暖的世界里　　091
做不到最好，也没关系　　095
"曲线"拯救你的梦想　　098

## 第五章　克服畏难情绪，直面困难才能搞定困难　　**101**

有时候，事情并没有你想象的那样糟糕　　102
看似麻烦的事情，做起来就简单了　　105
没有灵感不是你止步不前的借口　　107
不要把期望值设置得那么高　　110

很多时候，完成比完美更重要　　　　　　　　　　112
　　学会制造等不及的紧迫感　　　　　　　　　　　　114

**第六章　约束注意力，获得专注的力量　　　　　　　117**
　　专注做一件事情　　　　　　　　　　　　　　　　118
　　对任何分散精力的人或事说"不"　　　　　　　　120
　　控制好你的注意力，避免被无用的信息"绑架"　　123
　　朋友圈里"努力"的戏精们，请悄悄努力吧　　　　126
　　把一件事做到极致，胜过平庸地做一万件事　　　　128
　　提高你的抗干扰力　　　　　　　　　　　　　　　131
　　先定一个目标，然后开启全力攻坚模式　　　　　　133

**第七章　更新自我，和坏习惯说再见　　　　　　　　137**
　　暴躁：温和的态度更有力量　　　　　　　　　　　138
　　生气：别再拿别人的错误来惩罚自己　　　　　　　142
　　自大：清醒地认识自己的实力和处境　　　　　　　146
　　冲动：保持清醒理智的头脑　　　　　　　　　　　149
　　自私：懂得分享，你将会得到更多　　　　　　　　153
　　自卑：自信一点，你不比任何人差　　　　　　　　155
　　浮躁：静下心来做好一件事　　　　　　　　　　　158
　　找借口：多找方法，你的能力自然会提高　　　　　161
　　依赖：靠谁都不如靠自己　　　　　　　　　　　　164

**第八章　不攀比不嫉妒，找到真正的自己　　　　　　167**
　　多看自己拥有的，知足能治愈攀比和嫉妒　　　　　168
　　目标高一些，看得更远，就不会去攀比　　　　　　172
　　拥有足够的自信，就会不屑于攀比　　　　　　　　175
　　幸福经不起比较，别在比来比去中伤害自己　　　　178

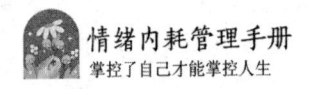

| | | |
|---|---|---|
| | 多和自己比，没有必要嫉妒别人 | 180 |
| | 换个思路，向你的嫉妒对象学习 | 183 |
| | 千万不要为了抬高自己而贬低别人 | 186 |
| | 不必羡慕标配的人生，用自己的标准定义成功 | 189 |
| | 能力配不上野心，就按照自己的节奏努力 | 193 |
| **第九章** | **走出完美主义的恐慌，破除内心的神秘魔咒** | **195** |
| | 你是一个完美主义者吗 | 196 |
| | 什么是消极的完美主义 | 199 |
| | 要好的，还是要合适的 | 202 |
| | 正确看待已拥有的和未得到的 | 204 |
| | 适度降低期望值 | 207 |
| | 不必遗憾，没有一个选择会是完美的 | 211 |
| | 坦然面对生命的低谷期 | 213 |
| **第十章** | **自暴自弃要不得，懂得接纳和拥抱自己** | **215** |
| | 敢于承认自己的错误更受欢迎 | 216 |
| | 接纳自己，先从接纳自己的形象开始 | 219 |
| | 不必自我期望过高，养成普通人心态 | 222 |
| | 保持本色，安静做好自己 | 224 |
| | 人生最大的枷锁，是对自己的不接纳与不认可 | 227 |
| | 勇敢走自己的路，让别人说去吧 | 230 |

# 第一章
## 那些有成就的人，个个都是自控大师

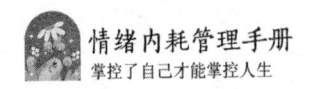

## 心理自控力究竟是什么

生活中，我们经常有很多管不住自己的时刻，随意吃垃圾食品、冲动购物、抽烟酗酒、沉迷于手机游戏……虽然每次"犯错"后我们都会诅咒发誓"以后再也不……了"，但是屡屡重蹈覆辙。

心理学上对自控力的解释是一个人在面对一些事物、突发事件、感情问题、金钱、权力等诱惑时，所表现出的自我控制能力。萧伯纳说："自我控制是最强者的本能。"凡是有大成就的人，绝大多数是自控力非常强的。

成功的人能够在大多数时刻利用自控力，逐渐让自己走向设定好的方向，最终达到自己期待的目标。

心理自控力是抵抗诱惑的能力。生活和工作中，充满了众多的诱惑。面对这些诱惑，很多人是经受不住的，这就是自制力不强的表现。

对于大多数上班族而言，白天忙碌工作了一天，回到家里，别说是写一点东西了，就连打开电脑的力气都没了，恨不得能早点睡觉。还有很多人一吃完晚饭，就会躺在床上刷微博、刷短视频、追剧等。

这些放松的方法，对于很多上班族而言是极具诱惑力的。而"特立独行的猫"却能够在面对这样的诱惑下，坚持写作。这就是她自控能力强，足够抵抗诱惑所产生的结果。

心理自控力是自我约束的能力。著名畅销书作者，网名"特立独行的猫"，被网友们亲切地称为"星爷"。从大学毕业参加工作以来，每天晚上无论多晚下班，他都会坚持在租住的房间里写1 500字。经过长达七年的坚持，他最终实现了作家梦。

在日常生活中，我们难免会受到别人的影响，而这种影响往往被人们称为"面子"。在"面子"的影响之下，很多人会跟随着别人行动，受别人影响。比如，你本来想下班回家看一会儿书，结果下班后同事非要拉着你去吃饭。因为爱面子，不好意思拒绝同事的美意，你不得不去。

这就是没有自我约束的能力。一个人如果没有自我约束能力，在做一件事情的时候，是很容易被另外一件不相关的事情所干扰的，而他的自控力也会丧失殆尽。所以，心理自控力是自我约束的体现和结果。

心理自控力是对自己拥有充足的信心的坚持力。我们在决定做一件事情的时候，之所以做几天就坚持不下去，甚至忘记去做了，是因为我们对自己没有信心，对自己没有信心也就是自控能力不强。

比如，我们要去做一件事情，还没去做时我们就认定自己不可能做成功，结果不是迟迟不愿意开始去做，就是做了几天以后就坚持不下去了。没做以前就没有自信，自然也就不会有自制力让自己坚持下去。如果我们对自己有信心，相信自己能够做到，那么我们一定会坚

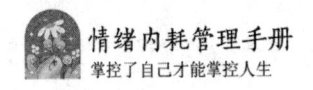

持做下去，这样我们就会控制住自己，不被别的事情所打扰。坚持做一件事情，这就是自控力。

　　心理自控力是对外界的诱惑的抵抗力，是对自我的约束力，是对自我充满信心所拥有的坚持力。总之，自控力能够促使我们走向自己设定的目标，这是我们需要拥有的能力。

## 到底是谁在控制你

想要拥有苗条的身材，开始计划减肥，没过多久就把详细的计划制定出来了，可每次一到具体实施的时候，不是推迟，就是不做；计划要早睡早起，晚上却忍不住追剧到深夜，白天起晚了，发一个短信给公司请一个假……

生活中，这样的事情每时每刻都会发生。我们给自己制定的一个又一个计划，都因为各种理由和借口，没有真正地被执行。我们痛恨自己，讨厌什么都完不成，讨厌当前的生活，更讨厌自己。但是，我们又控制不了自己，把生活搞得一团糟。

有时，我们会扪心自问：到底是谁在暗中控制着我们？为什么我们有心无力，总是感觉不受自己控制？

心理学家通过研究发现：我们每个人的大脑中都有两个自己，当我们在做事时，一个自己告诉我们要随心所欲，及时行乐；而另外一个自己则告诉我们，做事不要冲动，要有计划。我们内心总会在这两个选择之间摇摆不定，内心就会发生激烈的斗争。当我们面临必须要做出选择时，人的本能就是选择更容易实现的事情。

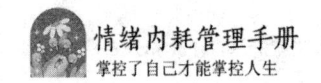

大多数人选择了去做更容易实现的事情。这是因为大多数人更愿意活在舒适区内，而不愿意跳出舒适区，强迫自己做一些有难度、有挑战的事情。而成功往往只眷顾那些不选择安逸，勇于拼搏的人。

有"小超人"之称的李泽楷，1991年回到香港创业，从Star TV到电讯盈科整宗交易，通过行使手上的电盈认股权、卖出套现等，获得了巨额收益。

1993年，他又把自己经营了很多年的Star TV以9.5亿美元卖出，从此声名鹊起。

2009年，他获得了2008年世界杰出华人勋章。

看过《翻滚吧！阿信》这部电影的人，肯定会惊叹彭于晏的完美身材。大多数人不知道的是，彭于晏小时候其实是个小胖子。上小学时，身高158厘米的他，体重却超过了70千克。

后来，因为身材问题，没有人愿意找他拍戏。于是，他就开始减肥。经过长时间的坚持，他终于练就了一副完美身材，也接到了很多戏，并大火。

如果彭于晏没有强大的自控力，他就不可能多年都能保持完美的身材。拒绝生活中的诱惑是非常困难的，除非我们拥有强大的自控力。

拥有强大的自控力，我们会勇敢地走出舒适区，敢于拼搏。因为在舒适区待得久了，我们就会失去对进步的渴望，停滞不前，甚至还会倒退。然而，我们每一个人都希望自己能有所成就，不愿看到一无是处的自己。

拥有强大的自控力，我们会更加努力。努力永远是超越自己，赶超别人的基础，没有努力，很难做好一件事情。大多数人在追赶别人的时候都会私下下功夫，可总是在拼命了几天后，就放松脚步，停止努力的步伐。此时，能够帮助我们继续保持努力，就需要强大的自控力。

我们要走出舒适区，形成强大的自控力，依靠我们的力量去努力，去奋斗，去实现我们的梦想。

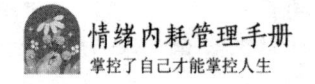

# 做内心世界的旁观者

生活中,我们会说一些人的情商真高,在遇到一些人际交往或者对待感情时,能够游刃有余,应付自如。这说明,这个人待人接物能够以一个旁观者的角度来审视自己的内心,通过自控力来合理地控制自己的情绪,不让自己情绪失控,做自我情绪的有效管理者。高情商的人,往往能够客观地看待一件事,并能客观地分析和评价,从而做出合理的反应和行动。

当一件事发生时,一些抱着合理的看法和评价的人,往往会以积极乐观的态度去面对问题;另一些人则会被不合理的看法和评价所左右,表现得压抑、焦躁、忧愁。我们对情绪的看法和评价,主要是由环境因素、认知因素、归因因素、重要他人因素等几个方面共同影响的。

环境因素。环境因素分为社会大环境和生活小环境这两个方面。我们所处的社会环境,促使我们形成不一样的社会价值观。而生活中的小环境,则会潜移默化地影响着我们,使我们已经形成的价值观发生变化。当价值观定型以后,我们对于一件事情的看法和评价就会不同，而这也是导致我们情绪不同的关键因素。

认知因素。每个人对事物的认知是不同的，所以在对待一件事情时，其情绪也会不同。比如，下班前突然下雨了，有的同事会抱怨不能及时到家，影响心情；有的同事则感觉没什么，还可以顺便加会儿班。

归因因素。同样是面对挫折，有的人认为这很正常，凡事都会如此，继续努力就行了；有的人则会抱怨自己运气不佳，自信心受到了严重打击。

他人因素。生活中，很多人会非常在意别人的看法。当遇到事情的时候，那些容易失控的人总感觉在众人面前不能失面子，于是便做出了出格的事情。

根据情绪ABCDE理论，我们想要控制自我情绪，就要调节自我对诱发性事件的认知、看法，摒弃不合理信念，让合理信念控制思维，从而产生新的、健康的情绪。

我们只有客观地面对自己的情绪，做内心世界的旁观者，才能做情绪的主人，才能做自己人生的掌舵者。

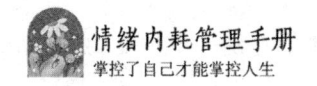

## 信念的力量

罗曼·罗兰曾说过，人生最可怕的就是没有坚强的信念。所以，坚定内心，守住信念，方能勇往直前。

信念能够帮助我们排除干扰，提高自控力，让我们努力把所有的事情都向好的一面去做。

有一年，一支探险队进入撒哈拉沙漠的某个地区，在茫茫的沙海里跋涉。阳光下，漫天飞舞的风沙像炒红的铁砂一般，扑打着探险队员的面孔，然而此时大家水壶里的水都没有了。就在大家都心灰意冷之际，队长拿出了一只水壶，说："这里还有一壶水，但穿越沙漠前，谁也不能喝。"

一壶水，成了穿越沙漠的信念之源，成了求生的寄托目标。水壶在队员手中传递，那沉甸甸的感觉使队员们濒临绝望的脸上又露出了坚定的神情。终于，探险队顽强地走出了沙漠，挣脱了死神之手。大家喜极而泣，用颤抖的手拧开了那壶支撑他们的精神之水——缓缓流出来的，却是满满的一壶沙子！

炎炎烈日下，茫茫沙漠里，真正救了他们的，哪里是那一壶沙子？他们执着的信念，已经如同一粒种子，在他们心底生根发芽，最终领着他们走出了"绝境"。

信念永远支撑着我们不断前行。拿破仑曾非常豪迈地说："在我的字典里，没有不可能。"就是凭借着这样的信念，激发出拿破仑无穷的斗志，并使他发挥出无与伦比的军事才能，最终横扫整个欧洲，成为欧洲的霸主。

当我们在做一件事情的时候，一定会遇到困难，而且遇到的困难次数一定不止一次。在众多的困难面前，如果我们只是靠着我们的勇气来克服，那么，在经历过几个困难之后，我们便会退缩，变得不再勇敢。

相反，如果支撑我们度过每一个困难的是信念，那么，我们的自控力就会变得非常强，会坚持把事做完。结果很可能是我们把所有的困难都克服了。

信念的力量很神奇，同样也相当强大，能够创造出奇迹。我们要形成自己的信念，并牢牢记在心中，它会在我们的未来发挥出巨大的作用。

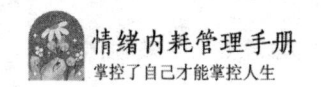

## 既然选择了，就不要轻易放弃

生活中有这样一群人，他们下定决心去做一件事，可一遇到困难就举步不前，然后毫不犹豫地选择放弃。

轻易放弃正在做的事，往往会让人感到沮丧，对自己失去信心。长此以往，一个人很难再独立完成一件事情。

很多人之所以选择轻易放弃，是因为他们在经历挫折和困难以后，内心会受到强大的冲击，从信心满满、对未来充满信心的顶峰，一下子跌落到谷底。他们往往受不了这种打击，控制不住自己的失落感，从而丧失对未来的信心，对自己的能力表现出怀疑的态度。他们会认为是自己能力不足，从而选择放弃。

提高我们的自控力，在遭遇困难和挫折时，就不要让自己跌入情绪的谷底，让自己充满希望，从而鼓励自己不断前行。

今天很残酷，明天更残酷，后天很美好，让我们用努力奋斗去迎接后天的辉煌吧。无论是在我们创业、生活还是工作中，每个人总会经历一些风雨，遇到各种各样的情况，遭遇挫折、失败原本也是非常正常的事，可有些人就是受不得挫折，经不起打击，一旦遭遇不测就一蹶不振，整日浑浑噩噩，麻痹自己。殊不知，所有的失败都是有办法应对的，但是一个人因一次失败而失去了希望，放弃了追求，那最终也只能接受彻底失败的结局。

遭遇一两次的失败，没什么大不了，我们这辈子的路还很长，并不是遭遇挫折就是世界末日，更不能从此一蹶不振，迷失自己。要知道，所有的挫折、失败都有应对它的措施，只要在遭遇挫折、失败以后，尽快从惋惜和痛苦中走出来，找到失败的原因并加以修正、克服，前进途中的你又会是一个全新的、优秀的你！

马云在刚开始创业的时候也是举步维艰。第一次创立海博翻译社，第一个月全部收入才700元，而当时每个月的房租是2 400元。于是，好心的同事朋友劝马云别瞎折腾了，就连几个合作伙伴也开始动摇了。

但是马云没有想过放弃，为了维持翻译社的生存，马云开始贩卖小商品，跟许许多多的业务员一样四处推销，受尽了白眼。

整整三年，翻译社就靠着马云推销这些杂货来维持生存。1995年，翻译社开始盈利。现在，海博翻译社已经成为杭州最大的专业翻译机构。虽然不能跟如今的阿里巴巴相提并论，但是海博翻译社在马云的创业经历中却写下了重重的一笔。

第二次创业开始，马云和朋友一起凑了10万元，做了一个网络黄页网站。很多人都说，做网络公司，没个几百万上千万是玩不转的。对于中国黄页来说，创办初期，资金的确是最大的问题。由于开支大，业务又少，最凄惨的时候，公司银行账户上只有200元现金。但是，马云以他不屈不挠的精神，克服了种种困难，把营业额从0元做到了几百万元。

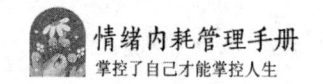

第三次，也是大家最熟悉的阿里巴巴网站，在创业初期也是相当艰难的。每个人工资只有500元，公司恨不得将一分钱掰成两半来花。外出办事，大家更是发扬"出门基本靠走"的精神，很少打车。

有一段时间，阿里巴巴因为资金的问题，到了快维持不下去的地步。但是，在马云和他的创业团队的不懈坚持下，最终缔造了中国互联网史上最大的奇迹。

"坚持就是胜利"，我们既然选择了一件事情，只有将其坚持下去，无论遇到什么困难，都不放弃，相信自己，并为之付出，才有可能获得胜利。

我们在做一件事时，放弃就等于失败，没有任何成功的机会。而我们不轻易放弃，坚持下去，就有成功的可能。无论成功的可能性是大是小，只要有希望，我们就有奋斗的动力。

既然选择了，就不要轻易放弃。"与天斗，其乐无穷；与地斗，其乐无穷。"只要我们充满斗志，我们的明天就是充满希望和光明的。

## 真正优秀的人，从不抱怨

"爸妈太过分了，从来就不理解我！"

"我的同事怎么可以这样说我呢？"

"领导从来就没有关注过我！"

"每天除了工作就是工作，没有一点空暇时间！"

……

总有一些人，一天到晚在抱怨工作，抱怨家庭，抱怨社会！然而，没有人的生活是一帆风顺的。

而那些经常抱怨的人，大多数是一事无成的人。他们之所以把自己宝贵的时间浪费在抱怨之中，是因为他们缺乏情绪边界，不能及时控制住自己的抱怨，去思考应该怎样去应对。

成功的人士哪一个是靠着抱怨成功的呢？又有哪一个是没有经历过失败就直接登上荣誉顶峰的呢？越是成功的人，经历的苦难挫折也越多，可是我们听过那些人的抱怨吗？

雀巢公司的创始人亨利·内斯特莱从小生活富足，但在他19岁的那年，家道中落，贫穷让他尝到了生活的艰辛，他的脾气也因此变得

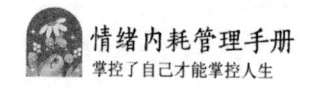

十分暴躁。

洪水过后，亨利来到了一块被冲毁的农田旁边，长势良好的庄稼被洪水无情地摧毁，一片狼藉，让他不禁想到了自己的命运。正在这时，他看到了一个正在劳作的农民，庄稼已经成这样了，他还在忙什么呢？他好奇地想着。走近后，他发现那个农民正在补种庄稼。他干得非常卖力，脸上看不到一点沮丧的神情。"庄稼被毁掉了，你难道一点也不生气吗？"他问道。"抱怨没有任何用处，那只会使事情变得更糟糕。这都是上天的安排，您看洪水虽毁坏了我的庄稼，却带来了丰富的养料，我敢保证今年一定是一个丰收年。"说完，农民哈哈大笑起来。

农民的话给了他极大的启发，是啊，抱怨不能改变任何事实，只能使事情变得更糟糕。他对农民深深地鞠了一躬，觉得心中的郁闷与不快立马烟消云散了。

后来，他成了一名药剂师助手。那时，婴儿因为没有合适的奶制品，死亡率很高。于是，他开始研究可以减少婴儿死亡的奶制品。在研制的过程中。他经历过很多次失败，每次失败时他都会想到那位农民的话，不生气不抱怨，以更加积极的心态投入研究。1867年，他成立了自己的食品公司，用他研制的一种将牛奶与麦粉科学地混制而成的婴儿奶麦粉，成功地挽救了一位因母乳不足导致营养不良的婴儿的生命。再后来，他创立了雀巢公司。

在美国著名心灵导师、全球"不抱怨运动"发起人威尔·鲍温看来，人们喜欢抱怨主要有五个方面的原因。

第一，当自己得不到更多关注时就容易抱怨，这是人的心理诉求。比如，我们向他人抱怨工作繁重，潜意识是希望别人多做一些。

第二，人们想摆脱自己的责任或在工作、家庭中遇到的问题。

第三，出于炫耀心理，因为人们总会抱怨和自己不一样的人，当他在抱怨别人的缺点时，其实就是在暗示自己没有这个缺点。

第四，有的人抱怨是因为自己表现得不够好，这样的人往往很难超越自己。

第五，有人是因为想控制别人，当目的达不到时，就容易用抱怨来还击。

抱怨对我们而言没有任何好处，反倒会让我们没有情绪边界，失去耐心，变得虚伪。所以，我们要转换一下思路，把宝贵的时间用在对我们更重要的事情上，而不是让我们活在抱怨的世界中。

21天通常是一个行为转变成一个习惯的周期。如果我们能连续21天不抱怨，那它就会慢慢成为习惯。那么，我们又该如何坚持下去呢？

首先，我们可以换个角度思考问题，比如想到"这件物品真贵，可我没钱买"，不妨换个想法，"等我有钱了就把它买下来，但这需要我马上开始工作"。这样就能给大脑一个积极的暗示，更好地调整自己。

其次，转移不良情绪。如果负面情绪根深蒂固，难以通过转换角度来消除，可以试试"物理方法"——拿出耳机听音乐、去外面跑步等。

最后，我们也可以常做感恩练习。习惯抱怨的人可能短期内很难改变，可以通过感恩小练习来增加对快乐的记忆：每周抽出几天时间，在睡前列举出几天中五件值得感恩的事情，最好是细微的、不重复的、具体的事。

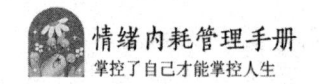

有时候，自己坚持很久不抱怨了，但亲友、同事突如其来的抱怨却会让我们的努力顷刻间化为乌有。那么，为避免受到外来的抱怨的影响，我们应该怎么做呢？

我们可以找借口远离负面对话。当我们遇到朋友抱怨，试图阻止或者沉默不语都是非常不礼貌的，此时我们不妨找个理由赶紧离开。

如果实在走不开，不妨要求抱怨者亲自解决他提出的难题。他们只是为了发泄，根本想不到皮球会被踢回来，可能就会气冲冲地走掉。

尝试着换个心态，用另一种眼光看待世界，心灵明亮的人看到的世界也是明亮的，让我们用乐观的心态看待生活，在平凡的生活中找出不平凡的乐趣。

## 自控力是高效自我管理的基因

周末计划去爬山,因为早上睡懒觉,没去成;想要自学厨师,买了很多有关做菜的书,有时间了就看,没时间了就不看,几年了也没学会几个菜;想要提高自己的文学水平,买了很多文学类的书,结果没看过几本就不看了……

生活中,有很大一部分人渴望在某一方面做出一些成就,让自己不至于太过于平凡,可就是感觉自己没有时间去做,做了也不知道怎样将其做好。

很多人能成功绝非偶然,除了自身拥有的能力外,高效的自我管理是他们成功的关键因素。

高效自我管理需要有强大的自控力作为支撑。没有强大的自控力,我们就没办法管理好自己,让自己按计划行事。这是因为,在执行我们的计划时,需要大量的时间作为支撑,而我们没有自控力,会受到诱惑,浪费大量的时间,甚至会转移我们的注意力,把我们引向别的方向。

平庸的人之所以平庸,就是因为没有自控力,不会高效自我管

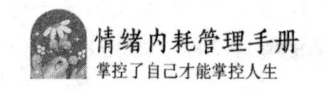

理，不能为自己做好规划，不知道自己应该做什么。即使是有了一定的规划，也是一会儿忙忙这个，一会儿忙忙那个，一会儿放松，一会儿走神。

日本著名作家村上春树30岁那年，下定决心要做一名作家。从那一刻开始，他坚持每天早上4点钟起床，并坚持写作5小时。

他明白这样高强度的工作，需要一个好的身体。于是，他坚持每天下午跑步一小时，剩余的时间读书、听音乐，做自己喜欢的事情，晚上9点钟准时睡觉。这些习惯，他坚持了38年。

美国著名管理学大师曾这样说："成功必然属于善于进行自我管理的人。"李嘉诚也曾说："在我看来，要成为好的管理者，首要任务是自我管理，在变化万千的世界中，发现自己是谁，了解自己要成为什么模样，建立个人尊严。"高效的自我管理是成就自我的必要因素，而高效管理之所以能发挥如此重要的作用源自两个方面原因。

第一，那些自我高效管理的人，时刻知道自己应该做什么，不会浪费一分一秒，抓住任何成功的机会，而这也是他们成功的秘诀。

第二，那些自我高效管理的人，办事效率更高。微软公司为高级程序开发人员提供咖啡厅、健身房等，并且没有人去约束他们什么时间必须做什么，结果他们却有着比任何公司更高的开发效率。这是因为他们会自我高效管理。当他们没有灵感时，总是会放松自己，而他们一旦有灵感时，他们会更专注地用心去工作。

所以，我们要学会高效地管理自己，而不是整天瞎忙，不知道自己在做什么。这就需要我们提高我们的自控力，当我们自控力提升上来以后，就能很好地控制自己，去执行自己的计划，而不是拖延时间不去执行。

自控力是实现自我高效管理的基因，当我们的自控力提高之后，就非常容易管理好自己。自我高效管理促使我们不断地利用时间去进步，那么，我们终将厚积薄发，让自己变得更加优秀。

第二章

# 情绪不失控，建立积极的心理暗示

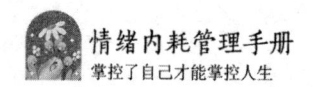

## 这些人为什么会失控

生活中，有一些人很容易冲动，而且还不听人劝，结果做出一些让自己后悔的事情。冷静下来后，自己也找不出情绪失控的原因。

情绪失控的原因主要有以下两点：一是心理因素，二是环境因素。在这两种因素的相互作用、共同影响下，容易导致一个人情绪失控。其中，敏感的人、家境贫困的人、不快乐的人，往往更容易情绪失控。

敏感的人，往往特别在意别人对自己的评价，猜疑心较重，喜欢看别人的脸色行事，容易胡思乱想。他们的想法大多是消极的，这就会陷入坏情绪的旋涡中无法自拔。最后，因为一些子虚乌有的事情导致情绪爆发，在情绪失控伤害了别人的同时，也伤害了自己。

生活是不易的，处在社会中难免会遇到很多不顺心的事情，这都是很正常的，本应该正常面对，而有些人却因为太敏感而发展成为抱怨。

或许很多人听过这样的牢骚：

"我不愿意听到别人对我有任何负面的评价，即使我身上真有这样的缺点存在，我也不愿意接受。我是不是太过无理取闹了？还是别人对我有成见？"

"我是很胖，每当听到别人谈论时，即使我没有听到他们在谈论什么，我都会认为他们是在谈论我胖。一想到这儿，我就不高兴。去商场买衣服，当售货员询问我需要什么尺码时，也会令我心情不好。"

"今天上午开会，老板不点名批评了一些人，我认为他说的就是我。"

诸如此类的牢骚话还有很多，发牢骚的这些人大部分人是因为太过敏感造成的。敏感者在生活中会为别人设置一道道防线，与人交往的过程中，心事重重，整天忧心忡忡地，并焦躁不安，总是担心背后有人说自己的坏话。一不小心，他们就跟别人发生了冲突，从而失去控制。慢慢地，朋友变得越来越少，人际关系也搞得非常差。

敏感的人之所以会失控，是因为他们的内心是自卑的。内心自卑的人，情感是非常脆弱的。主要表现就是耐压能力差，对于自己的能力、品质不认可，总感觉自己什么都不如别人。当感受到周围的人嘲笑、侮辱时，他们的自卑心理就会大大加强，有时甚至还会大发雷霆。

家境贫困的人，也非常容易失控。心理学家米歇尔（Mischel）通过研究发现：家境贫困的孩子，相对于那些家境富裕的孩子更容易失控。他认为这是由于他们所处的生长环境不同造成的。家境贫困的孩子，往往得不到丰厚的奖励练习"延迟满足"的情境，而"延迟满足"能够让孩子们充分锻炼自控力。只有通过不断地锻炼自控力，自控力才会变得越来越强。而那些家庭条件好的孩子能够进行训练，让

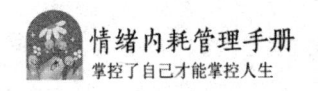

他们的自控力变得越来越强。

不快乐的人，也容易出现失控。心情不好的人为什么容易情绪失控呢？研究者发现：不快乐的人心情低落，对于自己的未来没有太多的期望，本身也并不会太在意出现更差的结果。此时，他们的心态就变成了想怎么样就怎么样，即使结果再坏，自己也无所谓。俗话说"破罐子破摔"就是这个意思。

当一些对自己不利的因素出现以后，积聚在他们内心的不满会瞬间被点燃。他们会借机发泄自己的情绪，而忽略掉产生的后果。

这些人失控的根本原因还是心理素质太差，在遇到问题的时候大多会受当时激动情绪的影响，从而导致失控，最终导致结果变得不可收拾。

## 懂得制怒才能培养好脾气

人在发怒的时候，往往会表现得面目狰狞，不仅难看，而且还容易在无意中伤害周围的人。

一个人在愤怒的情况下导致的间接损失往往无法想象。在失去理智的情况下，可能会做出一些事后要付出高昂代价才能弥补的事情，并且有的时候甚至会无法弥补。

王伟是一家公司销售部的经理，拥有一个和美的家庭。在他的努力之下，公司的销售业绩一直很不错，他的生活也过得非常幸福。

但随着经济大环境的变化，整体经济不怎么好。公司受到了影响，他领导的销售部业绩也出现了不断下滑。他瞬间感到了压力，加班也变得越来越多，每天回家都很晚。回到家后，他经常会做一些夜宵吃。这就影响到了妻子的睡眠，对此，妻子非常不满。

有一天，他回到家做夜宵的时候，妻子抱怨了他几句，他却一气之下动手打了妻子。

几天后，妻子向他提出了离婚。还没消气的他想都没想就签字同

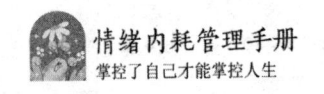

意了。离婚后的他，后悔不已。

每个人在生活中都会遇到类似的事情，即在自己失落或是不得意的时候，遇到不合自己心意的事情，往往会表现出愤怒的情绪。在被愤怒冲昏头脑的情况下，通常会做出不可挽回的事情。当我们意识到自己做错的时候，已经无力挽回了。

人们常说："愤怒是魔鬼。它会冲昏我们的理智，让我们做出错误的判断与决策。"

所以，懂得制怒，我们才能逐渐养成一个好脾气。一个好的脾气，能够在我们遇到不顺心的事情时，保持一个好心态。静下心来，从容面对困难，发现事情的真相，以及充分考虑事情的影响和结果，从而更加客观、公正、理性地做出合理的判断或决定。

制怒有很多种办法，并且每个人可根据自己的性格、脾气等特点，寻找自己独特的制怒办法。以下有三种制怒办法，可供大家参考。

1. 给自己留三分钟的冷静时间

"忍一时，风平浪静；退一步，海阔天空。"讲的是人们在某种特殊情况下，不能意气用事，不能动怒。因为在缺乏周详考虑的前提下，头脑一热，做事不加思考，是很容易生出事端的。

当别人不理解你、你心情不好或受到不公正待遇时，不妨给自己留出三分钟的时间冷静一下。或许在这短短的三分钟里，你的怒气会慢慢平息下来。别轻易让愤怒占了主位，为了一点小事就大动干戈，只会让怒气把你的理智燃烧殆尽。

2. 学会幽默自嘲

幽默常可减轻压力。如果生气时有一面镜子在你面前，你一定能看到镜子里的那个家伙的两个鼻孔正冒着火,滑稽又可笑。

3. 学会主动求助

在某些特殊的情况下,万一你控制不住自己的情绪,那么请试着找别人帮一下忙。例如,在你快生气的时候,一位好朋友的善意提醒,可使你冷静下来。你也可以借此数数字、深呼吸或跟你的感觉接触。

懂得制怒才能培养好的脾气,我们不要被愤怒冲昏头脑,做出不理智的决定。懂得制怒,不断提高我们的自控力,做出的决定才更加可靠、有用。

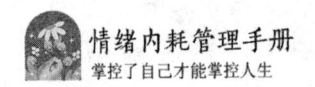

## 不要因一时失控而毁掉一件事

情绪控制着我们做事的方向,把控好情绪,能从很大程度上减小出错的概率。相反,任由情绪控制我们,就会毁掉正在做的事情。

生活中,我们经常会被情绪所控制,这也被称为情绪化。我们之所以会情绪化,最重要的原因是心理压力太大,而忍受压力的能力又不强。

通常,人在情绪失控的情况之下会丧失理性思考的能力,从而做出一些不计后果的事情。

宋利伟是一名产品推销员,平时主要负责处理老客户的订单。

一天,宋利伟去见公司的最大客户,想要向他们推荐公司的新品。刚开始,两人谈得非常好,客户对于新产品的认可度也非常高,迫切地想要购买。但在谈到价格和售后服务时,二人出现了很大的分歧。客户想要降低价格,并且要求一个月至少提供一次售后服务。而之前都是三个月提供一次服务,并且客户谈到的价格实在是太低了。宋利伟说了很多好话,但客户的态度强硬。宋利伟愤怒地说:"你的要求也太过分了,没法合作了。"

客户愤怒地拍着桌子说:"以后,我们终止任何合作。我公司再也不会购买你公司的任何产品了。"

回到公司以后,他被领导狠狠地批评了一顿。因为这件事情,公司损失巨大,他也因此被公司解雇了。

所以,不要因一时的失控而去毁掉一件事情,因为这个后果可能是我们负担不起的。

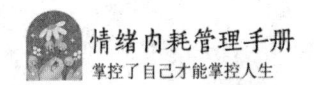

## 永远不要做消极的假设

一件事情能否做成功，跟我们面对这件事情的心态有很大的关系。当我们以积极的心态去面对时，更容易获得成功；而当我们以消极的心态去面对时，更容易走向失败。

临近年末，公司开始准备年会策划。公司的年会策划组给孙佳悦和几个女同事分配了一个舞蹈节目。听到这个消息后，孙佳悦却高兴不起来。

孙佳悦之前没有接触过舞蹈，对此，她表现得极不自信。练习时，她对其他人说："我们这个节目肯定不会受到重视，随便练练就行了。如果到时候真的不行的话，我们可以申请把这个节目取消，反正我们几个都不太会跳舞。"

其他人并没有因为孙佳悦的话而停止努力，而孙佳悦却在练习了两天后觉得自己不适合，就申请退出了。

经过精心的准备和刻苦的排练，年会这一天，这个舞蹈节目效果非常好，得到了领导的夸奖，并获得了证书和奖励。孙佳悦在看到这一幕后后悔不已。

很多人在做事情时总会做一些消极的假设，并对自己产生极度的不信任。最后，他们也只能以做不到而告终。

这些人产生消极假设的原因主要是他们失败了太多次。在他们的潜意识里，认为自己什么都做不好。这种潜意识是经过很长一段时间形成的，在形成的过程中，经历一次失败，在消极情绪的影响下，潜意识就会加深一次。

消极假设影响我们的心情。当我们在做一件事情的时候，如果对未来进行消极假设，认为未来一片迷茫，没有任何希望可言，那么我们的心情自然会非常低落。心情低落造成的直接后果就是做事情没有效率，甚至不愿意去做、排斥去做。在这种情况下，必然就会导致失败。

所以，我们在做一件事情的时候，永远不要做消极的假设，试着用积极的假设，会有不同的结果。

孙阳雪是一个文学爱好者，平时非常喜欢读文学作品，也喜欢写一些东西。一次偶然的机会，她有幸参加了一个畅销书作家的售书签名会。当她了解到这个畅销书作家以前是靠写网络小说和文章起家时，她深受感动，便暗下决心要以他为榜样。

第二天，她就开始了自己的创作之路。刚开始的时候，她发现自己写出来的文章，根本没几个人浏览，更别说增加粉丝了。她并没有感到失望，她相信自己一定能够在一个月的时间里增加100个粉丝。于是，她每天花大量时间去阅读资料，在网上寻找素材，整理、总结，然后发表。

经过一个月的努力，她的粉丝数量增加了230个。

以积极的假设去思考、制定做一件事情所要达成的目标，我们的

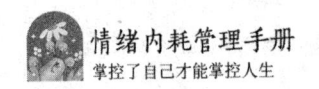

内心就会充满自信，并因此产生积极的行动，用饱满的热情投入所要做的事中，即使是遇到挫折、困难，也不会被其打倒，而是以不服输的态度去努力奋斗，并最终完成。

在积极心态的作用之下，我们还能提高自己的自控力。自控力强了以后，我们就不会被外界的不利因素所干扰，会更加专注地做事情，成功也会离我们越来越近。

## 逃避心理要不得

遇到我们不擅长的事情，就选择逃避；遇到一点挫折，也选择逃避；觉得没有脸面对别人，还是选择逃避。结果，越逃避，越糟糕。

孙林和靳伟是同一家IT公司的两个程序员，平时负责编写公司的程序。一天，公司为了提高员工的工作效率，决定来一场竞赛。竞赛的内容就是，谁能够在这个月之内编写出更多的程序，谁就能得到奖励。

竞赛开始后，孙林和靳伟便使出了浑身解数开始较量。规定的一个月时间到了，结果是孙林获得了胜利，得到了奖励。靳伟从此便害怕跟孙林比较编程的速度。每次在同事们谈论此类话题时，他都会有意躲开。慢慢地，他发现自己的编程速度变得越来越慢。

生活中，像靳伟这样的人还有很多。他们往往会受到逃避心理的影响，在遇到丢面子的事情后就选择逃避，害怕别人再讨论这件事情，害怕做这件事情，从而丧失了信心，甚至不再去做这件事情了。

逃避心理的形成跟自身心理受到的打击有关。一个人心理受到严

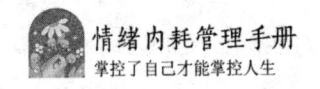

重的打击以后，就会变得害怕。而那些心理素质不强的人，往往走不出害怕的困扰，在这种心理的影响之下，就会选择逃避来获得暂时的安慰。

随着逃避次数的增多，我们的自控力也会逐渐消失。做每一个工作，都会失去耐心，做不了多久，就会选择放弃。这也是大多数人平庸，甚至失败的根本原因。

要想战胜逃避心理，你不妨试一试这个方法：无论面对什么事情，勇敢面对，积极去做，你可能会得到另外一个结果。

每个人都有逃避心理，其实这种心理并不可怕，可怕的是我们迟迟不能战胜它。我们要明白逃避解决不了问题，我们最终还是要去面对。当我们再次面对逃避时，应该学会克服心中的恐惧心理，接受挑战。因为只有战胜了逃避心理，我们才能更加积极地对待每一件事情，并且让我们的自控力变得更强。

## 如何克服心理摆效应

你一定有过这样的经历，本来情绪非常好，可是没过多久，情绪就来了个180度大转弯，变得非常坏。情绪如同大海的波涛一样大起大落，这就是心理摆效应。

情感是有不同等级的，并且还有着与之相对立的情感状态。比如，爱与恨、乐与愁、紧张与轻松、激动与平静等。在日常生活中，人们的心理会随着特定背景的心理活动而产生摆动的现象。

张伟经过五年的努力工作，终于得到了公司领导的认可，被任命为工程部的总负责人。听到这个消息后，他高兴极了，立马打电话告诉了妻子。

晚上，他邀请自己的同事去庆祝。在饭局上，他高兴地拿着酒杯给每一位同事敬酒。在他跟自己关系最好的同事敬酒时，同事说："以后，你要注意点了，你一上任，下面的几个手下可不好对付呀！"一听到这话，他的心情瞬间变得很差，也不再说话了。

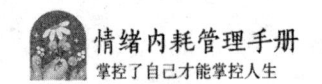

19世纪，英国医生费丽斯和德国心理学家斯沃博特通过大量的研究，得出了"情绪定律"。"情绪定律"把人们的情绪周期定为28天，在这28天之内，情绪会从高潮、临界到低潮进行不断地循环变化。处于顶端的高潮期内，我们会感觉到心情愉悦、精力充沛，能够在自己的控制之下，平心静气地做好每一件事情；相反，处于底端的就是低潮期，此时我们会莫名其妙地发火。

处在情绪变化的周期之内，情绪将会不断地转变。在这个循环的过程中，外在的刺激和自身的自控力是两个重要因素。

外在的刺激是指在情绪周期之内，我们会跟很多人进行交流。在交流、接触的过程中，会受到他人的言语、行动、做事方式等的影响，从而产生歧义、争执等，进而影响到情绪的变化。当这些影响是正向时，情绪变化就会走向好的一端；当这些影响是反向时，情绪变化就会走向坏的一端。

在情绪周期内，自控力可以控制情绪处在低潮的时间，并且把情绪尽可能地维持在中间值。在外部环境的影响下，每个人的情绪极易波动。而有些人的反应时间快，有些人的反应时间慢，而其中起重要作用的就是自控力。比如，我们受到了不公正的待遇，情绪就会受到严重的影响。在这种情况之下，如果我们的自控力比较弱，那么我们可能会在几分钟之内爆发，我们的情绪会变得非常低落。而如果我们的自控力非常强，就能制止情绪的变化或者延长变化的时间。这样在情绪周期之内，我们就能控制住自己情绪变化的范围。

因此，在情绪摆效应的影响下，我们的情绪就会产生周期性的变化。如果我们任由情绪随意变化，无论是在生活，还是学习中，都会对我们自己以及周围的人产生巨大的影响，甚至伤害到自己和别人。没有人愿意跟一个情绪不稳定的人交往，因为他们不知道你什么时候会情绪失控，进而伤害到他们。

可见，保持自身情绪的稳定，让我们周围的人能够摸透，能在一定程度上避免误会产生的伤害。更重要的是，如果我们能够把情绪控制在积极向上的范围内，表现出来的基本都是健康向上的情绪，很多人会希望和我们成为朋友。

外界的环境因素影响我们没办法避免，但是要克服心理摆效应，我们可以从自控力做起。提高自己的心理自控力，以下两个方法非常实用。

1. 找一个适合自己的情绪释放手段

情绪一旦产生，就需要释放。不释放的话，就会不断地积聚在心中，反而会保持很长时间。比如，我们被上司骂了，心里非常难受，觉得自己受委屈了。如果你不释放，这件事就会一直憋在你心里，而你也会一直不开心。

所以，想要克服心理摆效应，就要找一个适合自己情绪释放的渠道，比如跑步、看电影、旅行等。只要能够让自己在短时间内调整好情绪，就是一个很好的方法。

2. 磨炼自己

想要拥有强大的心理自控能力，克服心理摆效应，我们应该让自己的心理承受能力变得强大起来，只要心理承受能力足够强大，就不会轻易被外界因素所干扰。这就需要我们不断地磨炼自己，锻炼自己的心理承受能力。

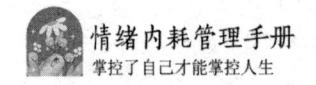

我们可以通过爬山、野外求生等方法，让自己身处在一个绝境中，不断地练习如何克服困难。在不断地练习中，我们就能从容地面对困难，面对外在环境的影响，我们的心理承受能力也就会提高了。

克服心理摆效应，让我们可以长时间处在平和的情绪之下，对于我们的发展和成长都是非常有益的。

## 学会及时宣泄不良情绪

受多种环境因素的影响，我们在日常生活中会产生不良情绪。当这种不良情绪得不到及时宣泄，并逐渐累积时，会产生严重的后果。

每个人的心理承受能力都是不一样的，在面对指责时，有的人在认识到自己的错误后会及时改正，情绪基本上不会受什么影响；有的人则表现得极其在意和自责，情绪瞬间变得非常低落。

如果不良情绪得不到及时宣泄，随着时间的流逝，就会不断地累积。当累积到一定程度时，后果将变得非常严重。

在不良情绪的累积过程中，一个人的心情会变得很低落。低落的情绪会让一个人的做事效率变慢，还容易让人暴躁，伤人伤己。

所以，当我们处于不良情绪中时，应学会及时宣泄出这些不良情绪。

1924年11月，美国国家研究委员会组织了一个调查小组。由于当时霍桑工厂的工作效率低下，于是这个小组便对霍桑工厂进行了研究，想找出原因。

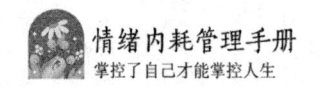

调查组设置了一个重要的"谈话试验"环节，调查组的专家历时两年时间，与工厂里的工人进行了推心置腹的谈话，认真聆听他们对于待遇、工作环境等方面的不满，并将其记录下来。

令调查小组感到惊讶的是，工厂的工人在经历了"谈话试验"环节以后便不再抱怨了，而是更加卖力地干活，工厂的产量也得到了显著提高。

通过这个现象，调查员得出的结果是：工人们在长期的工作中，对于工厂的制度和薪资待遇产生了不满情绪，而工厂负责人对其并没有太在意。因此，工人们的不满情绪得不到及时宣泄，经过长年累月的积累之后，逐渐演变为抱怨、抵触等不良情绪。工人们将这些情绪带入工作中，工作效率当然不会高了。当通过调查员的谈话后，这些情绪被宣泄了出来，员工们的心情舒畅了，干劲也就足了。心理学家把这种奇妙的现象称为"霍桑效应"。

通过"霍桑效应"，我们能够明白：在生活和工作中，我们会产生很多不良情绪。我们不能将这些不良情绪压制下去，而是要将它们及时地宣泄出来，这样才有助于我们的身心健康，还能够提高我们的工作效率。

那么，我们应该如何及时宣泄自己的不良情绪呢？

首先，需要找到适合自己的宣泄方法。每个人在面对不良情绪时，都会有自己独特的宣泄方法。比如，有的人喜欢找朋友倾诉，有的人喜欢独自散步，有的人喜欢听音乐等。

其次，要及时去做。不要带着情绪去工作、学习和生活，这样会把情绪传染给别人，给别人带来麻烦。

最后，不要为了宣泄而拿别人出气。有很多人，当自己心情不好的时候，往往会把自己要好的朋友当出气筒。虽然你释放了情绪，心情变好了，但对于别人来说是不公平的，是一种伤害。所以，当我们有不良情绪时，不要让别人当你的出气筒。

有情绪就要及时宣泄出来，要让我们的情绪始终保持舒适，才有助于提高我们的自控力。

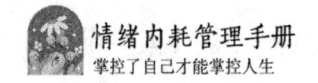

## 别让未发生的事情影响你的情绪

"人无远虑,必有近忧。"生活中,我们在面对很多事情时,往往会担忧还没有发生的事情,从而影响自己的情绪,让自己不开心。

与其担心还未发生的事情,让我们的情绪变得低落,不如专注于当前,保持好情绪,做好当前的事情。这样,我们担心的未发生的事情可能就不会发生。

牛雪从小就喜欢古诗词,不仅背了很多首古诗词,而且也创作了不少诗词。一次,她看了河北卫视的《中华好诗词》节目,非常想参加。于是,她背着父母、朋友报了名。

父母、朋友知道以后,都劝她不要去了,一定选不上,还浪费时间和金钱。但她从报名的那一天开始,又背诵起了古诗词。功夫不负有心人,牛雪最终获得了入围的资格。

失败是很多人会害怕的一件事情。为此,很多人担心未来可能会发生对自己不利的事情,从而忘记了当前所做的事情,把自己的所有精力都用在了想象未来事情的发展上。结果是当前的事情没做好，担心的事情却发生了。

因此，我们最重要的是做好当前的事情，而不要去担心还没发生的事情。保持一个好情绪，才能更高效地做好眼前的事情。

## 第三章
# 从重度焦虑症到自控达人的距离有多远

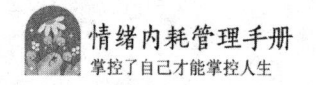

## 改掉忧心忡忡的习惯

大多数人在面对还没有发生的事情时，容易表现得忧心忡忡。其中很重要的一个原因就是对于自己未来的担心，对未知的胆怯，害怕去接受充满挑战的未来。现如今，父母为孩子们做得太多。在孩子很小的时候，就为孩子规划好了人生轨迹，到什么时候做什么样的事情。并且这些事情都是父母安排好的，孩子根本不用操心。因此，很多孩子逐渐失去了挑战困难的决心。

当这些在"温室"中长大的孩子走出校门，面向属于自己的未来的时候，往往会表现得不知所措，不知道自己该干什么，能干什么。于是，开始对自己的未来充满担忧，特别是在遇到打击的时候，表现出忧心忡忡的样子。进而，开始全面否定自己，觉得自己什么都不如别人，什么都做不好。这种消极的情绪持续在心中"发酵"，并最终导致整个人走向崩溃的边缘。

即使是我们摆脱了害怕未来的恐惧以及敢于向困难挑战，但我们却依旧没有办法摆脱想太多这个缺点。对于大多数中国人来说，始终相信"人无远虑，必有近忧"，凡事要多想，只有想得多了，事情才会得到更好的解决。在遇到重要的决定时，多想无可厚非，因为多想能想出更好的办法，而什么都不做时，想东想西就会出问题。

我们中有很多人有过这样的体验，一旦静下来，就会忍不住去想明天，想未来会怎么样？一想到还没有买房，还没有买车，孩子的教育问题，以及医疗养老问题，便忧心忡忡，整个人都不好了。因为这，很多人最后患上了抑郁症。

很多人忧心忡忡还有一个原因是黑箱效应。黑箱效应指的是当你在对事情不了解的时候，往往脑海中最先想到的都是坏事。比如，我们约了朋友周末去爬山，我们早早到了约定的见面地点，可是朋友却迟迟没来，打电话也没有人接。此时，我们会想朋友是不是遇到堵车了，甚至还会猜测朋友是否遭遇了车祸。

很多人在遇到不确定的事情时都愿意往坏的方面想，做最坏的打算。这是很多人处理事情的原则，也是形成忧心忡忡的原因之一。

忧心忡忡，不仅解决不了我们的任何事情，反而会让我们更加困惑，不知该做什么，还会带给我们烦恼和不开心。所以，我们要摆脱忧心忡忡，让自己快乐、积极起来。无论做什么事情，都要使出全部的精力，把事情做好。

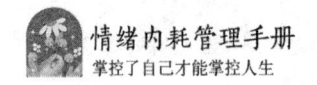

## 忙起来，你就没时间想那些不开心的事

当我们把注意力集中在痛苦上时，痛苦就会盘踞在我们心中不肯离去。如果我们让自己忙碌起来，集中精力在一件事上，那么我们就没有时间焦虑，也没有时间悲伤了。

马利安·道格拉斯家中曾遭遇过两次不幸。一次是他非常喜爱的五岁的女儿不幸离开了人世。他和妻子二人都无法接受这个打击。十个月后，他们的二女儿，在仅仅活了五天后也夭折了。

这两件事给他带来了巨大的打击，使他无法承受。他开始变得焦虑不已，吃不下饭，睡不着觉，甚至吃安眠药都没办法睡着。

一天下午，他呆坐在沙发上面难过。儿子跑过来问他："爸爸，我们能不能一起造一艘大船呢？"虽然他提不起精神，但在儿子的再三纠缠下，只能陪儿子一起做。造大船花费了父子俩整整三小时的时间。事后，他才发现，在造大船的这段时间里，他第一次感受到了放松。

第二天晚上，他把房间的每一个角落都转了一遍。然后，他把所有要做的事情都列了一个单子。第二天一早，他就开始一样一样地做起来，只留给自己很少的休息时间。

二战期间，英国首相丘吉尔每天要工作18个小时。当别人问他："这么重的责任，你是不是感到非常焦虑？"他说："我实在是太忙了，根本没时间焦虑。"

心理学有一条定理：不论一个人多么聪明，都不可能在同一时间内想一件以上的事情。著名科学家巴斯特也说过："在图书馆和实验室能找到平静。"我们在专注做一件事情的时候，往往会忽略掉其他干扰的事情。当我们忙于做很多事情时，自然也就不会感到焦虑了。

诗人亨利·朗费罗因为妻子严重烧伤去世后情绪失控，几近发疯。三个年幼的孩子需要他的照顾。他带着孩子们去散步，给他们讲故事，同他们一起玩耍。在忙碌的生活中，他渐渐走出了悲伤。

罗曼·罗兰说："生活中最沉重的负担不是工作，而是无聊。"只有当你真的忙碌起来时，才会停止你的不开心。班尼生最好的朋友亚瑟·哈兰将死之时说："我一定要让自己沉浸在工作里，否则我就会因绝望而烦恼。"

通常，不忙的时候，我们就会习惯性地胡思乱想，焦虑、嫉妒、恐惧等情绪会充斥着我们的大脑，进而把我们思想中沉静、欢乐的成分替代了。

在日常生活中，我们会发现很多让人产生焦虑的事情往往发生在空闲时间。这是因为对于大多数人来说，工作时由于忙得团团转，根本没时间想别的。而下班以后，没什么事情可做了，内心也就因此变得空虚不已。此时，我们就会回顾最近发生的事情，而回忆的事情大多是不愉快的。渐渐地，情绪就会慢慢变坏，直至内心焦虑不安。

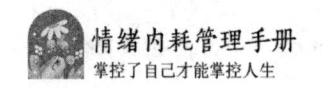

因此，哥伦比亚师范大学教授詹姆斯·马竭尔说："消除焦虑的最好办法，就是让自己忙着干任何有意义的事情。"《菜根谭》里也说："人生太闲，则别念窃生。"

让自己忙起来，这样就没有多余的时间去想那些不开心的事情了，我们的情绪也就不会再低落了。

忙是一种神奇的药，它可以让我们暂时忘记一切，从负能量中把自己拯救出来，让自己变得越来越好。

## 给拖延一个最后期限

年初时，很多人会用豪言壮语为自己制定很多目标，比如读书、写作、减肥等。但计划很完美，做起来却是无限期拖延，一个计划都没有完成。到了年末，只能重新制定计划。

在日常生活中，我们会有这样的心理：当面对不需要马上完成的任务时，会习惯性地说服自己明天再去做。等到了明天，又拖到后天。就这样一天天拖着不去做，最后本来需要做的事情再也没有做过。

朱尔斯·贝约尔是法国著名的心理学家和教育学家。经过研究后，他认为："绝大多数人的目标是尽量不动脑子地生活。"换句话说就是：我们的大脑喜欢指令清晰且能够进行自动驾驶，不愿意发生任何改变。相对于读书，我们更喜欢玩游戏或者看电视，这样就可以不需要动脑子，就能轻松完成。所以，很多人明明嘴上说下班了以后要继续工作，回到家就开始玩起了游戏，从而产生了拖延。

还有一种拖延叫作无意识拖延。比如，我们在开始工作或者学习时，会不自觉地拿起手机刷一下微博或者是看一下朋友圈。当想要去

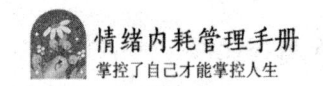

做正事的时候，才发现时间已经白白流逝了。这就是无意识拖延。

很多人有这样的认识：重压之下，往往能够表现得更加出色。这种想法是错误的，这反而会给我们找到一个借口，把事情继续拖延下去。虽然有最后期限，但是在没有到最后期限，就有时间继续拖延。等到马上到最后期限，我们才会加倍努力，可结果总是不那么理想。

试想一下：如果我们需要在三个月内完成一个任务，在拖延了两个月后，我们才发现自己还没开始做。一想到还有很多事要去完成，我们就会表现出紧张、焦虑，然后试图赶紧把事情做好，但结果往往不尽如人意。

所以，想要完成一件大事情，最好的方法就是把其分成一个个小目标，并给每一个小目标设置一个最后期限，从而使自己在完成一个个小目标时，有一定的约束力。这样在完成一个个小目标时，在最后期限完成目标的时间就会越来越短，同时我们也会慢慢形成自控力来抵抗拖延症。当我们的自控力足够强的时候，拖延症也就不会再存在了。

因此，我们想要摆脱拖延症，就是给自己规定一个最后期限，在最后期限的压力之下，不断地提升自控力，让自控力逐渐战胜拖延症，并最终实现做事的效率，把事情做得又快又好。

## 倾诉疗法：把你的担忧说出来

相关研究表明，倾诉是缓解焦虑的"良药"。当产生了负面情绪，我们需要的可能只是一个能够让我们倾诉坏情绪的垃圾桶。

在产生负面情绪的时候，大多数人会习惯性地选择把它深埋在心底，独自一个人承受。总想依靠自我消化来缓解心中的抑郁与焦虑，这只会增加我们的心理负担，让自己变得更加焦虑，严重的还可能引发心理疾病。

所以，在我们遇到问题，导致情绪不好的时候，不要只是一味地承担所有，我们的力量没有大到可以解决好任何事情的地步，要学会寻求他人的帮助，该向别人诉说的时候一定要及时地说出来。

心理学上把通过倾诉来缓解焦虑的方法称作"疏泄疗法"，它是最常用的心理治疗方法之一。其基本原则就是让焦虑者将心中积郁的苦闷或思想矛盾倾诉出来，以此来减轻或消除其心理压力，避免引起精神崩溃，并能较好地适应社会环境。

事实证明，疏泄疗法可使人从焦虑、郁结的消极心理中得以解脱，尽快地恢复心理平衡。

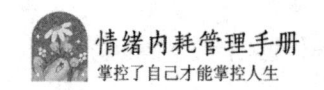

注意，运用倾诉疗法时应根据不同人的心理、环境和条件等，采取不同的措施，灵活运用。

当然，倾诉并不一定要说出来，也可以写出来。很多人有写日记的习惯，夜深人静的时候，点一盏台灯，静静地把所有的不开心写在纸上。写虽然比说慢，但也正因为慢，写完之后才会有一种如释重负的感觉。互联网时代，我们渐渐遗忘了书写的乐趣，其实书写也是一种很好的倾诉方式，有时候纸比人更可靠。

倾诉还需要讲究一定的时机和环境。无论是倾诉者还是被倾诉者，双方都需要一个空闲的时间和一个安静舒适的氛围。在对方繁忙或自身情绪不佳时进行倾诉，不仅不能给自己带来帮助，还会招来对方的反感。所以，倾诉之前最好先确认对方是否方便。

当然，倾诉也要有个度，过了这个度就是发牢骚了。谁都不喜欢发牢骚的人，毕竟我们是在把不良的情绪输出给对方，谁会愿意一直被别人当成"接收坏情绪的垃圾桶"呢？就算对方足够耐心地听你倾诉，但别忘了，人的承受能力是有限的。

我们在面对情绪的影响时，要学会自我治疗，运用倾诉疗法，向别人倾诉，说出自己的纠结和郁闷。在说出这些情绪之后，可以在一定程度上缓解心理压力，并能帮助自己战胜不良情绪。

## 悦纳会犯错、有瑕疵的自己

生活中，每个人都有各种各样的缺点。无论是名人还是普通人，都不可能达到完美无缺的程度。"金无足赤，人无完人。"我们要学会悦纳不完美的自己。

骆冰是一个完美主义者。每次接到领导给她分配的工作任务，她都会全力去做，把任务的每个细节都处理得尽可能完美。她这种极度严谨的工作态度很快就有了效果。

经她手的工作从来没出过差错，她拿出的每一个方案客户都挑不出毛病，同事们纷纷对她竖起了大拇指。她在职场上表现出了老员工才有的素质，很快就成了领导眼里的红人。

公司的管理层见骆冰办事谨慎老道、从不出乱子，就打算让骆冰开始独立负责某些项目。就在骆冰开始负责项目时，她的完美主义却成了她工作中的绊脚石、拦路虎。

一项任务到手之后，骆冰总会耗费大量的时间和团队成员商议，目的就是得出一个完美的方案。这就侵占了相当一部分用来执行任务的时间。在任务的收尾阶段，骆冰总在细节上过于较真，好几次都是

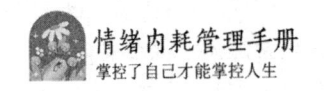

因此导致任务没能按时完成。

这导致骆冰的团队在公司里一直处于业绩垫底的状态。一个人的时候，骆冰总会想："完美主义究竟是不是一件好事？"处理事情时仍旧保留完美主义习惯的她，也因此而变得越来越焦虑。

通常情况下，完美主义者在执行某项任务前会认为这项任务做到完美是"必须"的。"我必须做到完美！""我必须得到所有人的认可！""务必让别人挑不出一点毛病！"有了这样的信念之后，紧随而来的便是过于关注任务的结果。"我一定要成功，万一失败我将彻底沦为别人的笑柄。"

大量心理学研究已证实，完美主义心态会导致抑郁和焦虑，降低生活质量。这种消极影响如此严重，以至于完美主义已被作为抑郁症状的一部分，并成为造成抑郁自杀事件的一个重要诱因。

《大戴礼记》说："水至清则无鱼，人至察则无徒。"承认自己的不完美，允许自己犯错，才能受欢迎，才能告别焦虑。王家卫在《一代宗师》中说："所谓大成若缺，有缺憾才有进步。"完美主义是一个诱人的陷阱，陷进去必将导致焦虑，与其在这个陷阱中沉沦，不如在缺憾中寻求进步。

这个世界上没有谁是完美的，不要对自己过于苛刻。相信上帝给你关上了一扇门，还会为你打开一扇窗。悦纳不完美的自己，摆脱焦虑，在快乐中不断地追求、不断地向上，终有一天，你会为自己感到自豪、骄傲。

## 别在别人的标准里迷茫

生活中，有太多的标准。这些标准分为自己制定的标准和别人制定的标准两种。有的人活在自己的标准中，快乐、向上；有的人活在别人的标准中，迷茫不知所措。

大众心理学的不朽之作《乌合之众》中曾说道：群众的叠加只是愚蠢的叠加，而真正的智慧却被愚蠢的洪流湮没了。盲目地追随"大众标准"就是一种迷信，正如网上流传的那句话说的："因为大多数人的选择，不一定就是对的，不一定对你就是合适的。"

所以，我们应该找到适合自己的标准，并以此为准则，来规范和指引我们不断前进。在适合自己的标准中，我们不会有产生任何焦虑和不安，同样也不会不想、不愿意去做。相反，我们会以积极的心态，去面对充满标准所带来的挑战，并充满信心地去寻找方法，战胜困难。在整个过程中，我们都不会有任何懈怠和不情愿，而是心甘情愿为提高自己而奋斗。

作家舒国治活得清贫却随性、优雅。他爱旅行、爱美食。在美国的七年里，舒国治一边打工一边旅行，开着一辆破旧的轿车走遍了美

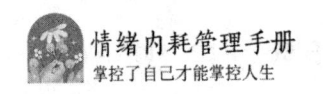

国的44个州。在旅行中，他风餐露宿，常常没有食物果腹，但他总是快乐的。他说："虽然没有钱也没有规划，但我的灵魂是自由的，我不知道自己要去哪里？要做些什么？但有一种神奇的力量在促使着我行走，仿佛远方是我唯一的归宿。"

他热爱美食，但又吃不起大饭店，他就把目光瞄准了路边的小馆子、大排档。为了吃一顿豆角包子和绿豆稀饭，他会早上五点钟就起床，钻进路边小店，吃完后再回家拉上窗帘睡到自然醒。

吃惯了街边的牛杂汤、卤肉饭、牛肉面、水煮菜之后，舒国治反倒抵触起了星级酒店里的豪华大餐，他说那些东西"人为雕琢的痕迹太重，就像贾府里的烧茄子，根本吃不出食物的本味"。

51岁前，舒国治一直都是一个人生活，他不仅没有妻小，就连宠物都没养过一只。51岁时他突然想谈恋爱。后来，带着女友的他照样吃大排档，最终他凭着自己的魅力追到了女友。

舒国治把自己的美食体验写进了作品里，这些作品收录成册，就有了他的《台北小吃札记》和《穷中谈吃》两部佳作。

也许你认为舒国治的生活方式太过"仙风道骨"，但他敢于对"大众标准"发起挑战，并最终活出了自己。舒国治的生活很好地证明了，离开大众标准，甚至可以说是完全背离大众标准照样可以活得很好。

按照自己的内心去做事，形成自己的一套行之有效的标准，而不是看别人的眼光，去执行"大众标准"，是大多数人走向成功的一个重要途径。试想，让你违背自己的内心去做一件事情，你能把这件事情做好吗？相反，如果你想要做一件事情，并且最后达到了自己的标准，谁又能说你是失败的呢？

没有谁有权规定我们什么时候该做什么事，也没有哪个标准是真正适合所有人的，做自己的主人，跟随内心的脚步，努力过好每一个当下，焦虑自然就会离我们而去。

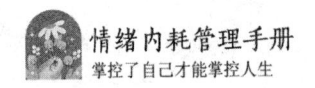

## 拒绝自责，让纠结焦虑的内心戏见鬼去吧

自责来源于我们对于别人的愧疚，这种愧疚深深地折磨着我们的内心，使我们的心情变得焦虑，严重时，惶惶不可终日。与其自责无法摆脱折磨，不如拒绝自责，真正做一些弥补的事情，来让自己的情绪变得积极一些。

在生活中，很多人有过这样的经历：下定决心买一件东西，到了店铺以后，总是看看这家，看看那家。结果，这家也喜欢，那家也喜欢，不知道应该怎么选择。好不容易，做出了选择，买下了以后，又感觉另外一家的货好，后悔了，便开始自责起来，心想：我为什么不选择那一家的呢？在自责的同时，心情也变得越来越糟，越来越焦虑。

这种焦虑来源于我们的选择，总以为自己当初的选择是错误的，如果能够重新选择，一定选择自己认为对的。可是，这是自认为的。我们在这种无限假设之中，已经焦虑了。

周末，闫乐和朋友们约好了一起出去吃饭唱歌。吃完饭后，别人都在兴致勃勃地唱歌，闫乐却在一旁时不时地就打开手机看时间。她心里盘算着:"看样子他们要玩到12点钟,可明天是周一呀!我还有几个重要客户要见,一个文案要写,三个会议等着我去参加。这么多工作等着我,我必须早睡才能确保精力充沛啊!不行,我得想个理由提前开溜。"

有了提前开溜的念头后,闫乐又有了新的顾虑:"我这样走了会不会很不礼貌,大家下次会不会就不叫我了?"纠结了许久之后,闫乐终于鼓起勇气跟朋友们说有事先走了。

回到家后,闫乐却一直在想:"上次聚会我也是提前离开的,我这种行为会不会太频繁了?这样做会不会扫了大家的兴啊?"于是,闫乐带着沮丧的情绪开始为第二天的工作做准备。

当所有事情都处理完毕,终于可以躺在床上的时候,闫乐却从朋友圈发现朋友们也都散场回家了。闫乐再次陷入了新一轮的自责:回来这么早也没有提前睡,为什么我不耐一下性子多待一会儿呢?在一连串的自责和焦虑中,闫乐迟迟无法入睡……

很多人喜欢把复杂的自责心理称作"内耗",从字面上来理解,就是自责的心理活动消耗了我们意识里的某些东西。影视剧里的"内耗"场景很多,我们经常在剧中看到一个女生因为一件小事而深深自责,最终莫名其妙就变得情绪低落的场景。这便是一种"内耗"。

这样的场景在现实生活中也并不罕见,我们每个人经常会遇到。自责之所以会出现,是因为我们渴望通过自我控制,营造出一个更加完美的形象或者争取利益最大化。在这个过程中,我们在人际交往或者完成任务的时候,内心就产生了过多的自我拉扯,最终导致内心能量不足、身心疲惫。

追求更好、更优秀,想树立起一个良好的形象无可厚非,但刻意

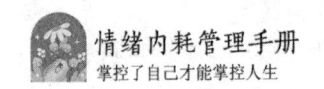

强求就会出问题。甚至可以说，这种行为对自己的伤害是巨大的。

尽管你在努力树立一个良好的形象，但不可否认的是，你糟糕的一面也一直存在，你不可能做到面面俱到、时刻都保持优秀。每当你表现得不尽如人意时，你会怎么对待自己呢？即每当你出现了懒散、懦弱、拖延、虚度时间、做错事等现象时，你会怎么对待自己呢？

通常情况下，你会告诉自己这是不好的、不对的。接着，你就开始讨厌自己、嫌弃自己。这样一来，你就陷入了自责之中。并且，"一定要优秀"的心越强，你的自责也就越发强烈。在此基础上，你会花大把的时间和精力来排斥自己，这让你越来越累。做起事来也就越来越力不从心，事情的结果也会变得更差，而你因此会更加排斥自己，进而进入了死循环。

可以说，人最大的内耗就是自责。差劲让人痛苦，比起差劲更让人痛苦的是陷入深深的自责。其实很多时候你本不必如此，相信一直都在追求卓越的你已经足够完美了。此时，你需要的是减少自我控制，少一些努力，让周围的世界变得更加宽广。

小敏一直是一个努力的女孩子。她常说："如果哪天我不努力了，感觉周围的一切都会失控，包括我自己。"

为了保持体形，她晚饭从来不多吃，有的时候甚至不吃。晚上下班回到家即使再累再困，也要逼着自己上跑步机上完成额定的跑步任务。除此之外，她还强迫自己每天必须在11点之前入睡。偶尔和朋友们聚在一起聊天，她也会尽量收敛自己的言行，让自己看起来像个淑女。生活中如此，工作中的小敏同样如此。

这样的小敏的确很优秀，但她也活得很累，特别是在自己表现得不够好的时候，她就会陷入深深的自责中。

后来，小敏突然想通了，她尝试着11点照样在外边嗨，聊得开心了就开怀地大笑，工作今天想做就熬夜猛攻，明天不想做就把它丢到一边，晚上想吃零食就大口吃。一段时间过后，小敏发现生活反而好像变得更美好更轻松了，而她也没变成一个不思进取油腻臃肿的胖子！

大声地对自己说一句：让那些焦虑纠结痛苦的内心戏，统统都见鬼去吧！

自责让我们焦虑，心情变得更加糟糕，没有任何好处可言。在面对自责的时候，我们要学会拒绝它，勇敢地去面对已经发生的事情。既然我们不能改变已经发生过的事情，就不能再错过即将到来的事情，保持好心情，积极地去应对，才是正确的、应该做好的事。

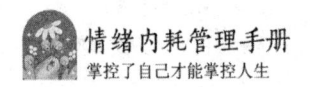

## 在焦虑中学会和自己相处

大多数人处在焦虑中时，往往会把自己的注意力放在某一件事情或者是某一个人身上。由于太过于专注，而忽略了自己，变得不会跟自己相处，从而带给自己灾难性的伤害。

妮娜是一名芭蕾舞演员，和母亲一起住在纽约。她非常优秀，并且在她心里也有非常远大的目标。但是，她始终没有大红大紫，这让她非常郁闷。

有一天，机会终于来了。托马斯导演看中了她，准备让她在即将推出的《天鹅湖》中饰演主角。不过，她还有一个强有力的竞争者莉莉，她需要战胜莉莉才能顺利成为主角。另外，托马斯导演还要求担任主角的人，不仅能够演出白天鹅的纯洁和优雅，还要表演出黑天鹅的黑暗和狡黠。可问题是，妮娜太过于端庄了，只适合表演白天鹅的角色。正因为这一点，托马斯导演始终没有下定决心最终让她担任主角。

对于成功的渴望，让妮娜焦躁不安，她开始变得暴躁和鲁莽，不停地挖掘自己身上黑暗的一面，期望能够找到黑天鹅需要的状态。经过她不懈地努力，她终于有所突破，如愿以偿成了主角。

在演出时，妮娜把这个角色演绎得栩栩如生，特别是到了最后，白天鹅变成黑天鹅时，黑白相互交融，精确地表达出了黑天鹅堕落扭曲的气质，赢得了满堂喝彩，而这也成为整部剧的最大亮点。

对于妮娜来说，代价也是非常惊人的，她从此走向堕落，分不清楚生活和舞蹈角色，沉浸在幻象中，最后精神崩溃了。

妮娜太渴望成功了，以至于她陷入焦虑之中，在追求完美的过程中，迷失了自我，最后反而害了自己。

法国著名作家加缪曾经说："当对幸福的憧憬过于急切，那痛苦就在人的心灵深处升起。"对于成功太过于急切，必然会让我们陷入焦虑之中，内心充满危机和惶恐。

生活中，有太多人跟妮娜一样。为了成功，为了取得别人的认可，不惜出卖自己，取悦别人。在这种情况之下，我们的内心是极其不愿意的，但为了满足自己成功的渴望，依旧不得不去做。这样即使取悦了别人，获得了成功，也很难获得自己内心的快乐。

我们不会跟自己相处，把自己照顾好，情绪就会被别人操控，丧失快乐的权利，全凭别人给予。而别人给予的快乐是不稳定的，它会随着时间的变化而变化。在这种不稳定的状态之下，我们所产生的心理波动将会很大。试想，一个人从极其快乐一下子变为极其焦虑，一次、两次或许还能忍受，但次数多了以后，很少有人能够不产生焦虑的。

"梧高凤必至，花香蝶自来。"想要既得到别人的认可，获得成功，又获得心安，不产生焦虑，就要放弃取悦别人，接纳自己，按照自己的内心真实想法去行动，我们才能真正获得安全感。

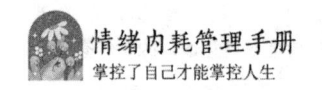

与自己相处，首先需要做到的就是自我友善。通常情况下，我们在面对家人、朋友的苦难时，很容易感同身受，并温柔相待，却唯独把自己排除在温柔对待的范围之外。自我友善意味着以同样温暖的心理解自己的失败，容忍自己的瑕疵。就像善待陷入困境的朋友一样，我们也可以被自己的努力和苦痛所打动。

对自我友善的人而言，他们很清楚挫折不过是人生的寻常遭遇，就算尽力了，坏事还是会发生。他们会欣赏自己的努力，包容自己所遭遇的苦难。"同情不只与那些无辜的受害者有关，它与每个为失败、弱点或者失策所累的人息息相关。不言而喻，你我的生活就是如此。"

其次，懂得与自己相处的人会取悦自己，并在其中获得足够的安全感。大多数时候，我们都在取悦别人，以期由此而获得安全感。我们取悦亲人朋友、同事领导，就是为了加固我们与他人之间的关系，因为关系不牢靠会使我们惶恐。但没有一个精彩的自己，我们怎样取悦别人，始终都无法获得真正的安全感。

记者曾采访了一位知名的企业家。记者问："你觉得你取得这么大的成就，最大的原因是什么？"企业家回答道："来自自己的安全感。"记者又问："能不能说得再详细一点？"

企业家思索了一会儿说："我给你讲一个故事。20年前，我出生在一个贫困的农村，那时候，我因为学习成绩很差，得不到别人的认可，我的内心非常苦恼。我拼命地做很多出格的事情来吸引别人的注意力，但都失败了。最后，我终于不再那么做，而是专心开始写作。渐渐地，我写的作文越来越好，老师越来越重视我，同学们才转变了他们对我的态度，开始和我深入地交流。"

真正的安全感源于自身，取悦自己，让自己保持良好的精神状态，让自己越来越优秀、越来越有魅力。自己的吸引力提升了，你散发出的向心力、凝聚力也会随之提升，此时的你也就不会再缺乏安全感了。

当我们因为受别人的影响而产生焦虑时，不妨放下取悦别人的想法，与自己交流，和自己相处好了以后，才能更好地与人相处。

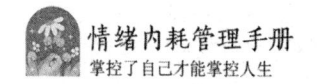

## 过去的错误，要么尽力补救，要么放下

生活中，我们一不小心惹怒了朋友，不去道歉、认错，而是陷入深深的歉意中，惶惶不可终日；工作中，一次失误，犯了一个低级错误，害怕被领导批评而尽量隐瞒，心中焦虑不安，生怕领导什么时候发现。

每一次犯了错误之后我们总是这样，一直患得患失、念念不忘。但这又有什么用呢？就好比一瓶被打翻了的牛奶，无论你再怎样自责，它都无法恢复原样。对待过去的错误，要么选择尽力补救，要么选择就此放下。

有些人认为，自己犯下的错误就要牢牢地记着，这样才能被激励，"好了伤疤忘了疼"只会让人越来越懈怠。这些人认为，记着自己的错误，时不时地就拿错误来"鞭策"自己的行为是一种合理的"自我批判"。

但"自我批判"正是抑郁和焦虑的一个主要症状。持续地拿着过去的错误来"自我批判"会让你持续性地处于弥补过错的阴影中，自始至终都抱有强烈的遗憾感而难以尝试新的行动。除此之外，"自我批判"还会使人消极沮丧，带走你做好工作所需要的活力和创造力。紧接着，你很容易陷入"自我批判—失败—自我批判"的死循环中无法脱身。

西班牙著名作家塞万提斯的那句名言："对于过去不幸的记忆，构成了新的不幸。"对过去的错误，有机会补救，就尽力补救；没有机会补救，就坚决将其丢到一边，不要陷在过去失败的泥沼里，越陷越深，无力自拔。

有很多人自己犯了错，过后却不敢承认。一旦承认自己犯了错误，就相当于自己的光辉形象瞬间崩塌，不复存在。很多人是经受不了这样的打击的，他们宁愿为了掩盖错误说无数的谎言，也不愿意在别人面前公开承认自己的错误，并立即行动起来，做出一些弥补的事情，来使自己得到心安。

俗话说："纸是包不住火的。"越是掩盖，就显得越不自然，内心会越发焦虑。这样是很难不让别人觉察到的，即使是最终不被别人发现，自己也永远活在恐惧之中，内心充满煎熬。

人生中的许多烦恼都源自自己同自己过不去。人非圣贤，孰能无过？如果有了过错、挫折、烦恼，就终日沉陷在无尽的自责、哀怨、痛悔之中难以自拔，那么，人生境况就会像泰戈尔所说的那样："不仅失去了正午的太阳，而且失去了夜晚的群星。"

"知错就改，善莫大焉。"意识到错误以后，我们只要及时改正，并进行有效补救，不仅能获得内心的安宁，而且还能最大限度地得到别人的谅解。

# 第四章
## 减负前行,做自己的心理压力调节师

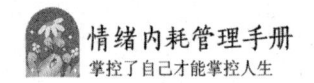

## 换个角度，逆境也能帮到你

每个人都希望自己的生活顺风顺水，没有任何逆境。然而，现实却并非如此，我们总会和逆境不期而遇。面对逆境，有的人选择走出去；有的人陷入绝望之中，无法自拔。

李嘉诚少年时为躲避战祸，随同家人一起，从广东潮州步行了十几天，来到香港，寄居在舅父家中。父亲临终之际，对李嘉诚说："日后人要有骨气，人有骨气才是顶天立地的汉子，失意不能灰心，得意不能忘形。"

李嘉诚美好的童年随着父亲的去世一去不复返，年幼的他担负起了养家的重任。面对人生的转折，面对恶劣的环境，他渐渐成熟了。

刚开始找工作时，李嘉诚确实有几分倔强。但屡次受挫使他产生了一个顽强的信念：一定要找到工作！皇天不负有心人，李嘉诚终于在西营盘的"春茗"茶楼找到了一份工作，这是一个清苦却磨炼人意志的工作，但是李嘉诚对此却感到很满足。

茶楼的工时，每天都在15个小时以上。茶楼打烊，已是半夜人寂时。李嘉诚回忆起那段日子，说："我是披星戴月上班去，万家灯火回家来。"这对一个才十四五岁的少年来说，实在是太苦了。后来，李嘉诚对儿子谈起他少年的经历时说："我那时最大的希望，就是美美地睡上三天三夜。"

李嘉诚说："从石缝里长出来的小树，更富有生命力。"经历过逆境的洗礼，能够锻炼出坚韧不拔的信念。而不是轻易就放弃，被困境所击败。在选择怎样面对逆境时，这些人往往能够以不同的角度去看待，把逆境看成成功所必须经历的阶段。处在逆境中，并不可怕。可怕的是，我们不能转化对逆境的看法，总是感觉逆境不能够战胜，摧残内心，压力巨大，无法忍受。

美国亚拉巴马州的人们世世代代都以种棉花为生，但就在1910年的时候，巴马州的农田遭遇了一场特大象鼻虫灾害。害虫所到之处，棉田被全毁殆尽。棉农们欲哭无泪，一年的辛苦劳作就这样毁于一旦了。

象鼻虫之灾，绝了棉农的生计。于是，棉农们开始选择别的农作物种植，如玉米、大豆、烟叶等。出人意料的是，这些农作物的经济效益比单纯种棉花高出了四倍。从此，亚拉巴马州的经济走上了繁荣之路，人们的生活变得越来越好。

很多事情其实都是一体两面的，就看你从什么角度去看待它。有句话叫：喜悦在生命转弯的地方。如果我们只是看到逆境带给我们不利的一面，而去屈服，就不可能看到转弯以后所带来的喜悦。

所以，在遭遇不如意的事情时，我们一定要学会转换思维的角

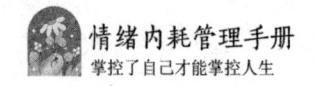

度，从好的方面来看待整个事情。学会跳出思维的惯性，避开思路上的习惯，也许你会进入一片未开垦的领域。把失败当作经验和机遇，把逆境当作人生的考验，面对今天的困境寄希望于明天的甘甜，这样的人，任何困难也难不倒他。

## 被拒绝，先别打退堂鼓

成功需要实力，在别人不了解我们的实力之前，被拒绝是一件很正常的事情。任何一个人，都不可能不经历失败就走向成功。

史泰龙在还没有成名之前，身上只有100美元和一本根据自己悲惨童年改编的剧本《洛奇》。

史泰龙挨家挨户地去敲电影制片公司的大门，给自己寻找可以演出的机会。然而，当史泰龙对五百家制片公司一一拜访过后，没有一家公司愿意使用他的剧本。但是，史泰龙却并没有泄气。他凭着自己的坚持和执着，又从第一家开始，挨家挨户地开始自我推荐。

当第二轮拜访完之后，他仍然遭到了所有制片公司的拒绝。史泰龙还是没有放弃希望，因为他坚信"没有所谓的失败，只有暂时的不成功"。他把之前的1 000次拒绝，当作是自己的经验。

接着，史泰龙又鼓励自己从1 001次开始。经过多次上门拜访，在总共经历了1 855次拒绝后，终于有一家制片公司的负责人被史泰龙的执着和毅力所打动："我不忍心再看你拼命了，你耗尽了多少汗水，我就给你多少喜悦吧！"这家电影制片公司同意采用他的剧本，并聘

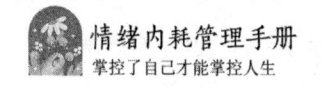

请他担任剧中的男主角。

电影《洛奇》一炮而红，史泰龙成长为超级巨星和偶像。

巴斯德曾说过："如果在胜利前却步，往往只会拥抱失败；如果在困难时坚持，常常会获得成功。"人生就像一场马拉松比赛，不到最后是看不出结果的，而最终的结果无疑取决于参赛者的耐力以及战术的专注力，往往在那些看似就要失败的时刻，只要能继续坚持下去，便有可能获得转机，走向成功。

生活中，有很多人害怕被别人拒绝，因此，不敢开口。即使自己拥有足够的实力，仍然不愿意在别人面前表现，结果始终得不到别人的认可，证明不了自己的实力；还有一些人，他们在被拒绝一次以后，就对自己失去了信心，开始怀疑自己的能力，认为自己的能力达不到标准，并最终选择放弃。一个人如果没有持之以恒的决心，在遇到困难时就退缩，是很难有所成就的。

罗曼·罗兰曾经说过："痛苦像一把犁，它一面犁破了你的心，一面掘开了生命的新起源。然而，唯有永不言弃、永不绝望的人，才能掘开生命的新起源。那些在艰难困苦面前畏缩后退的人，只能成为碌碌无为的人。"

被拒绝并不代表我们是失败者，要正视在成功过程中所经历的挫折。正是这些挫折，促使我们不断地向上，并获得成功。

一个人的一生能够遭遇多少次拒绝？面对这些拒绝，你是相信有奇迹的发生，还是在人生的道路上就此气馁下去？

很多时候，成功不在于跌倒了多少次，而在于比跌倒的次数多站起来一次。正所谓："行百里者半九十。"往往通往成功的最后那段路，才是最难超越的一道门槛。因为，越接近成功，我们所经历的痛苦就越多，所付出的艰辛就越多。当我们心力交瘁的时候，即便只是一个小小的变故或者障碍，都有可能将我们击倒。

这个世界上怀揣梦想的人有很多，但是最终达成愿望的又有几个呢？很多人在遭遇挫折的时候，很容易就打退堂鼓，面对命运的拒绝，他们轻易地选择了放弃，通过失败与挫折继而淘汰掉一部分人。而在经历挫折和失败之前，只有那些坚持不懈、永远信心十足的人才能获得他人无法企及的成绩。

被拒绝后就打退堂鼓，这是任何一个想要成功的人不能做的事情。面对拒绝，不气馁，勇于面对，找到被拒绝的理由，改正后重新再来。被成功眷顾的人，永远在前进的道路上，而不是停在原地。

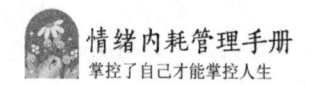

## 挖掘潜能，提高个人逆商

"逆商"主要是用来表示挫折承受力的一种指标，反映的是一个人在面对逆境、挫折时的心理状态和应变能力，是衡量某个人在社会生活中忍受逆境、战胜逆境的素质标准。

孙佳是一个网络小说作家，李蕊在一家跨国公司上班。一次，她俩一起出门远游。到一个大野岭时，车抛锚了。司机告诉她们，修车可能需要几个小时。车里面的人开始怨声载道，但谁也没有办法。

孙佳着急了，因为她每天要更新的小说还没有写好，越想压力越大。李蕊在了解到实际情况后，却没有丝毫慌张。她淡定地拿出自己的笔记本电脑，然后把自己的手机热点打开，开始写起了策划方案。

三个小时过后，车终于被修好了。五个小时后，她们回到了酒店。此时的李蕊已经写好了策划方案，并且提交成功了。而孙佳则匆忙打开电脑，着急地赶稿。

同样是面对逆境，不同的人会有不同的反应。生活中，很多人会像孙佳一样，面对逆境，手足无措，恐惧不已，在巨大的压力之下，选择什么都不做，放弃挣扎和拼搏，束手就擒；还有一小部分人会像李蕊一样，面对逆境，毫无惧色，心理波动也比较小，迅速想办法，试图解决问题，和逆境做抗争，并最终战胜逆境，成就自我。

之所以会出现这两种结果，是因为每一个人的逆商不同。逆商低的人，往往心理承受压力的能力比较弱，同时几乎没有抗争精神，战胜逆境的能力低。在面对逆境时，往往害怕、恐惧，失去信心，失去反抗的意志，最终，选择放弃。

相反，那些逆商高的人的心理承受能力较强，战胜逆境的能力较强。在面对逆境时，他们往往表现出足够的自信，相信自己能够通过努力战胜逆境，走出困境。在这种思想的影响下，他们往往会更加积极地寻找解决困难的方法，并为之不懈奋斗，从而获得成功。

斯泰雷16岁时在一家公司当售货员，尽管当时的地位和薪水都很低，他心中却始终都拥有一个不灭的愿望，那就是要成为一个非凡的人。

有一天，斯泰雷因为工作上的失误被经理训斥了一顿："你这种人根本不配做生意，你空有一身力气，没有脑子，我劝你还是到钢铁厂当工人去吧！"一向乐观的斯泰雷感受到了深深的伤害，当即答道："先生，你有权力将我辞退，但你无法消磨我的意志。等着瞧吧，终有一天我要开一家比你大10倍的公司。"

几年后，斯泰雷通过自己不断的努力，成了誉满全美的玉米糊大王！

逆境如同一把双刃剑，它既可以为我们所用，也可以把我们扼杀，关键要看我们握住的是刀刃还是刀柄。

保罗·史托兹认为，在具有高智商与情商的情况下，逆商对一个

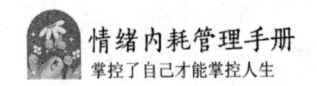

人的人格完善与事业成功起着决定性的作用，因为它往往决定了一个人在深陷困境的情况下是否能用锲而不舍的勇气和毅力达成目标。提高逆商指数，可以让我们的潜能得到更大程度的开发。

逆境是我们成功的催化剂。当我们能够轻松战胜逆境时，我们离成功也就不远了。

## 控制好你的欲望

人都有七情六欲。欲望越大，所承受的压力和痛苦也就会越大。当我们无法控制住自己的欲望，就会成为欲望的奴隶，落入欲望的万丈深渊。

俄国著名作家托尔斯泰曾经讲过这样一个故事。一个地主家的奴隶非常想要得到一块属于自己的土地，他就把这个愿望告诉了地主。地主对他说："早上你从这里开始往外跑，在你经过的土地上插上旗杆。到了太阳落山的时候，你赶回来，插上旗杆的土地都属于你。"

听到地主的这些话后，奴隶非常高兴。第二天一早，他便开始拼命地跑。当太阳快要下山的时候，他还不满足，依旧在跑。在最后一刻，他终于跑回来了。但此时的他已经筋疲力尽，摔了一个跟头后就再也没有爬起来了。

地主找人把他的尸体埋了起来，并且请了牧师给他做祷告。在祷告的时候，牧师说："一个人要有多少地才行？其实也就这么大。"

殊不知，欲望太多反而会成为累赘。拥有淡泊的心胸，更能让人感到充实满足。合适的欲望让我们活得有动力，而适时懂得知足，人

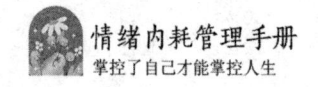

生才能得到快乐。

都说，欲望是一种动力，失去欲望对于人类来说是不可想象的灾难。然而，放任欲望又是令人恐惧的。

所以，我们既要有欲望，又不能让它过于大，要把握好一定的度。不要被欲望控制了心智，成为欲望的奴隶。我们要掌控好欲望，使之成为我们的奴隶，促进我们积极向上，不断地进步。

我们每个人所处的环境不一样，而且个人的能力也不一样。当我们的欲望大到远超出自身能力的范围后，将会失控。此时，我们要学会降低自己的欲望，降低到自己的能力范围之内。

我们千万不要让自己成为欲望的奴隶，活在压力和焦虑之中。而要学会掌控欲望，使之成为我们的奴隶，为我们服务。

## 懂得为人生做减法

我们为了快速成功，每天试图完成更多的事情，期望能够在有限的时间之内达成更多目标。这样往往会使我们的压力大增，从而变得疲惫不堪，甚至严重影响我们的心情和生活。适当地放弃一些事情，为我们的人生做减法，往往能够取得意想不到的收获。

每年，果农们都会做一件事情，把果树的一些树枝给剪掉。有个小孩看到后，心疼不已。

有一次，他又看到果农在剪枝，就好奇地问："叔叔，为什么要把树枝剪掉啊？如果不剪掉的话，秋天不是可以收获更多的果实吗？"农民叔叔听到后，哈哈大笑起来："如果我们不修枝剪叶的话，大树提供的营养就被这些枝叶给吸走了，这样提供给果实的营养就会不足，结出来的果实就会又小又涩。别看现在我们剪掉了这么多的枝叶，貌似会少结一部分果实。其实，牺牲掉这些枝叶，反而能收获更多的果实。"

庄子在他的著作《逍遥游》中写道："鹪鹩巢于深林，不过一枝；偃鼠饮河，不过满腹。"这句话的意思是：鹪鹩在林子中筑巢，

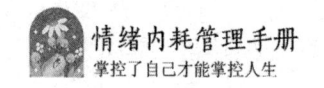

虽然林子特别大，但是它也只能在其中一枝上筑巢；鼹鼠到黄河边上饮水，即使是黄河水再多，也只能灌满它自己的肚子。

"贪多嚼不烂"，社会中，我们总是希望自己在一定的时间里，能够多做一些事情，让自己获得更多利益或者知识。体现出自己的能力，让别人认可我们，从而能够获得更多成功的机会。

但结果却事与愿违。很多人在失败后会沮丧、失落，在向朋友倾诉时，往往会说："为什么我做了这么多，这么努力，却什么也没做好。别人平时也没有我做的事情多，也没我那么用功、努力，却取得了很好的成就。为什么这个世界对努力的人这么不公平呢？"

很多人听说过"二八定律"。二八定律说的是："在任何一组东西中，最重要的只占其中一小部分，约20%。其余80%尽管是多数，却是次要的。"可现实生活中，我们却是花80%的时间去做80%无用的事情，而用20%的时间去做20%重要的事情。这也是为什么我们感觉自己非常努力，却得不到应有的回报的原因。

股神巴菲特在他的时间管理法则中写道："你要写下你认为对自己重要的25件事情。然后，从这25件事情中，再次挑选出5件更重要的事情。"很多人问巴菲特，是不是剩下的事情应在往后的日子里面慢慢去做？巴菲特回答说："此言差矣，剩下的20件事情全部砍掉，不再去做。"

巴菲特的时间管理策略就是，在时间上做减法，而不是去做加法。

刘和平曾经说："只有给人生做减法，去掉你不想要的，才能专心成就自己。"因为，我们每个人的时间都是有限的，浪费了哪怕一点，也无法挽回。只有把不重要的事情全部砍掉，才能保证我们有足够的时间和精力去做非常重要的事情。这样，我们可以拿出自己最好的状态和充足的时间去做为数不多的重要事情，成功的概率也将翻倍。

被誉为"史上最佳击球手"的棒球明星泰德·威廉斯写过一本书——《打击的科学》。书中，他将打击区域分为77个，这77个区域中的每一个只有一个棒球大小。经过他不断地研究和实际操作积累的经验，他认识到，只有当棒球滑进最理想的那个区域的时候，才能获得最大的打击率，概率大概在0.4以上。如果超出了那一片区域的话，打击率会降低到0.3甚至是0.2以下。

泰德明白并不是只要球来了就要打，而是要提高击球的次数。给自己做减法，放弃一些打击率低的球，这是一种战略性的取舍，把握好击球率最高的球，这样的球有很大的把握。这也是他成功的关键。

因此，我们没有必要给生活做加法，靠数量取胜，不断地给自己增加事情，增加压力。试着给自己做减法，把不重要的事情都剔除掉。明白自己最想要的是什么，马上去做。与其蜻蜓点水式地什么事情都做一点，最后碌碌无为，变得平庸，不如大刀阔斧地给自己做减法，把重要的事情做好、做成功，彰显自己的价值。

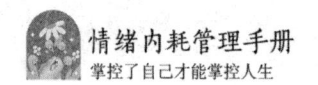

## 人生不易，何必再为难自己

　　月有阴晴圆缺，人有悲欢离合，人生没有十全十美。如果活着已不容易，那么就不要再为难自己。一个人快乐，并不是因为他的生活里只有阳光没有风雨，而是因为他不苛求生活，把注意力更多地放在阳光下，而不是风雨里。

　　有一次，戴尔·卡内基在英国伦敦的街上遇见了他的老朋友贝迪女士。他们有很多年没有见面了，于是卡内基便邀请她共进午餐，也借此叙叙旧。聊天的时候，他发现贝迪女士像变了一个人似的，一改往日的抑郁苦闷之色。如今，坐在卡内基对面的是一个幸福快乐的女人，她的脸上满是阳光的笑容。卡内基忍不住问道："太不可思议了，贝迪，你的气色看上去棒极了。能告诉我，是什么赶跑了你的忧伤？"

　　贝迪笑了笑，说："戴尔，你说得没错。这几年我真的很满意，我每天都在想那些快乐的事。"

　　卡内基说："那我应该祝贺你，因为你确实挺幸运的。"

　　没想到，贝迪却摇了摇头，说："不，并不是因为我幸运，而是因为每天我脑海中萦绕的都是那些快乐的事。戴尔，你知道最让我感到快乐的是什么吗？其实那些东西对别人而言可能不值一提：我身体健康，有一份不错的工作，有一个爱我的丈夫和一个可爱的女儿。这些就是我的财富。"

后来，卡内基通过朋友了解了贝迪此前经历过的不幸。贝迪和丈夫经营的那家礼品店因经济不景气关门了。她不仅赔上了所有的家当，还因此欠下了一屁股债。她用了七年时间还完了所有的债。当时的她认为自己了无牵挂了，也丧失了生活下去的信心。幸运的是，贝迪并没有就此沉沦，虽然她的境况没有多少好转，但是她的心态彻底好转了，她开始微笑着面对每一天。

人生有时好比钢琴的黑键和白键，你如果想要弹奏一首歌曲，不可能只触黑键而不触白键。所以，真正精彩的人生，是黑白交织的。

生活中的许多烦恼和痛苦，大多是由我们自己看问题的思维和角度造成的。每个人都有缺陷，或多或少会犯错，这很正常。所以，我们不必苛求自己一定要事事都对。

但也有一部分人在做错事的时候，会在潜意识里反复地自责："我怎么那么笨？当时要是细心一点就好了。""我真该死，怎么会犯这种错误？"要知道，世界上本来就没有十全十美的东西，如果你硬要去追求它，不达目的誓不罢休，就只能碰得头破血流。

犯错对所有人来说，都不是一件愉快的事情。一个人在遇到挫折的时候，难免会在那一段灰色的日子里，觉得自己像在拳击场被重拳击倒一样，头昏眼花，满耳都是观众的嘲笑声。那时，你会觉得自己已经没有力气爬起来了，但你总是要爬起来的。不管是在裁判数到十之前，还是之后。而且，你还会慢慢恢复体力，你的眼睛会再度睁

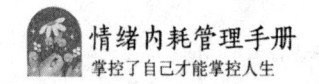

开，你会重新看见光明的未来。

在这个世界上有很多东西值得我们去追求。但是，当你奔走在追求的道路上时，千万不要和自己过不去，要按照自己的意志去做你想做的事，爱你想爱的人，成就你想要成就的事业，这样的人生才没有遗憾。

马克·吐温说："谁没有蘸着眼泪吃过面包，谁就不懂得什么叫作生活！"一生很短，没必要和生活过于计较，有些事弄不懂，就不必懂；有些人猜不透，就不去猜；有些理儿想不通，就不去想。你要告诉自己：可以不完美，但一定要真实；可以不富有，但一定要快乐！

生活，不会因你抱怨而改变；人生，不会因你惆怅而变化。你怨或不怨，生活一样；你愁或不愁，人生不变。抱怨多了，愁的是自己；惆怅多了，苦的还是自己。

别为难自己，别总是跟自己过不去，用心做自己该做的事，不要过于计较别人的评价，每个人都有自己的活法。

## 不怨恨，要活在温暖的世界里

戴尔·卡内基曾说："待人就像挖金子，如果你要挖一盎司金子，就得挖出成吨的泥土。可是你并不是要找泥土，而是找金子。"然而，遗憾的是，在生活中有些人总是喜欢抓住泥土不放，一再强调别人的缺点和过失。其实，犯错误是人之常情，不要总活在怨恨之中。

世界上没有十全十美的人和物，每个人都有自己的缺点和不足，谁也无法保证自己不犯错误，过于苛求只会让自己变得狭隘焦虑。一个高尚的人应该学会宽容他人。

南非国父曼德拉曾被关在荒凉的大西洋一个小岛上27年。因为曼德拉是"要犯"，所以专门看守他的人就有三个。看守者对曼德拉并不友好，他们总是找各种理由虐待他。在1994年5月曼德拉出狱当选总统以后，在他的总统就职典礼上的一个举动震惊了整个世界。

在就职典礼上，曼德拉作为新任总统起身致辞。他先介绍了各国政要，然后说，虽然他深感荣幸能接待这么多尊贵的客人，但他最高兴的是当初他被关在罗本岛监狱时，看守他的三名监狱人员也能到

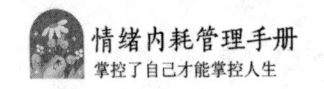

场。他邀请他们站起身，并把他们介绍给了在座的来宾。

然后，曼德拉恭敬地向那三个曾经看管他的看守致敬，现场瞬间安静了下来。后来，曼德拉向朋友解释说，自己年轻时性子很急，脾气暴躁，正是在狱中学会了控制情绪才活了下来，才有了后来的成就。漫长的牢狱岁月给了他太多的磨砺与激励，使他学会了如何处理自己遭遇苦难时的痛苦。

他说，感恩与宽容经常是源自痛苦与磨难的，必须以极大的毅力来锤炼自己。他说起出狱当天的心情："当我走出囚室、迈过通往自由的监狱大门时，我已经清楚，自己若不能把悲痛与怨恨留在身后，那么我其实仍在狱中。"

漫长的囚禁生活，并没有击垮曼德拉的坚定信念，反而让他最终超越了自我，进入了心中无敌的境界。所以他才能所向无敌，成为南非第一任黑人总统，缔造出一个自由、民主、和平的新南非。他获得了包括1993年诺贝尔和平奖在内的超过一百项奖项，实现了自己心中伟大的抱负！

古人常说"仁者无敌"，意思是仁慈的人不会对任何人怀有仇恨，曼德拉的故事则完美地诠释了"仁者无敌"的内涵。

曼德拉的经历启发我们，怨恨好比监狱，千万不要把自己关在其中。但是很多人身处监狱之中却不自知，还觉得自己是受害者，对方是错的、是迫害者。这些人其实是不自觉的，也就是没有觉知的。他们对想象中的迫害者的愤恨，已经被隐藏到无意识底下了，所以他们在平常的生活中是感觉不到的。但是一有什么人、事、物触动了他们的时候，他们就会抓狂。那个时候，这些人就是在地狱之中。

人生在世，难免会与他人磕磕碰碰，发生矛盾。吃亏、被误解、受委屈甚至被伤害一类的事总是不可避免地要发生。然而，其中有些矛盾并非大是大非，有些伤害也非他人有意而为。面对这些，最明智的选择是学会宽容，以消除芥蒂，化解矛盾，改善人际关系。宽容不仅仅包含着理解和原谅，更显示出气度和胸襟，坚强和力量。学会宽容，就是严于律己，与人为善，这样就等于给自己的心理安上了调节阀。如果你耿耿于怀睚眦必报，难免会加深隔阂加剧冲突，种下"怨恨"的种子。

当然，要放下怨恨并非易事，离不开修身养性，修心修德，使自己具备"宰相肚里能撑船"的涵养，离不开将心比心，换位思考，遇到矛盾或冲突时，设身处地多想想对方的感受和处境。唯有如此，才能以德报怨，宽以待人。

理解是化冰为水，宽容就像是照亮漆黑之旅的一盏明灯。无人理解是人生最大的苦恼和悲哀，而宽容是人间最温暖的醇酒和情怀。因为理解，我们的生活变得从容，因为宽容，我们的人生变得精彩。

宽容是一种风度，一种美德，是一种能让人感动的品质。宽容是一种超然，一种境界，是一种海纳百川的博大情怀。天空之所以广阔无比，在于它收容了每一片云彩，从不计较其美丽或丑陋；高山之所以雄伟壮观，在于它收容了每一块岩石，从不计较其巨大或渺小；大海之所以浩瀚无比，在于它收容了每一朵浪花，从不计较其清澈还是浑浊。

有哲人说："紧握拳头，抓住的只是空气，伸开五指，触摸到的将是整个世界。"宽容是一座心灵沟通的桥，桥的一端是混沌、愚

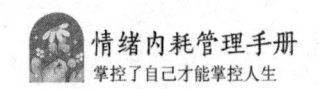

昧、愤怒、悲伤、心碎、失望、不安和忧心忡忡。另一端则充满着清醒、明智、祥和、理解、喜悦、激动、关爱和坦坦荡荡。从宽容中受益的不仅仅是被宽容者，还包括了宽容者，只有容得了天下的人才能为天下人所容。走过这座桥，可以让生命增加一分空间，多添一分爱心，使生活阳光灿烂，温暖如春。

## 做不到最好，也没关系

1892年，威廉詹姆斯在《心理学原理》中说："有些人仅因为自己是世界第二的拳击选手或世界第二的划桨手而羞愧自杀。他即便击败了整个世界唯独一人无法超越，在他看来也一文不值；他强迫自己必须打败那个人，只要一天屈居第二，他的世界便没有精彩。"

对自己太苛刻的人，在工作和生活等方面就会这样以高标准来要求自己，他们事事都想做到最好，结果却总是不遂人愿。

很多时候，我们在面对一些挑战和困境的时候，都想做到最好。而事实上却很难做得到，那不如就退而求其次，不求尽善尽美，但求无愧于心，毕竟个人的能力有大小，精力有穷尽，没有办法做到面面俱到，也不可能每件事情都得第一。

北京时间2016年8月8日，里约奥运会女子100米仰泳半决赛，傅园慧以58秒95的成绩位列第三，晋级决赛。刚从泳池走出来的傅园慧从记者口中得知了自己的成绩，原本表情淡定的她，瞬间张大嘴巴，像小孩子一样，眼睛瞪得大大的，一副被吓到的夸张表情。

"我有这么快？我很满意！"

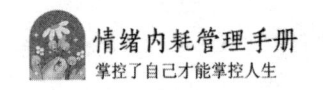

记者问她："今天的状态有所保留吗？"

傅园慧不假思索地回答道："没有保留，我已经用了洪荒之力了。"

记者追问："是不是对明天的决赛也充满希望？"

傅园慧还没有从激动中回过神来，眯着眼笑着摇头："没有，我已经很满意啦。"

8月9日，在里约奥运会女子100米仰泳决赛中，傅园慧以58秒76的成绩并列第三，夺得铜牌。

虽然没能获得金牌，但在接受记者采访时她还是幽默地说，"我昨天把洪荒之力用完了！""自己游得太快了，腿都快抽筋了。"她还自嘲晚了冠军0.01秒是因为自己手太短。说完，她一路尖叫着跑开了。

这段系列采访一出来，幽默开朗、积极向上的傅园慧"火"了。她的视频被疯狂转载，截图做成表情包和动图流传开来。

我们都应该像傅园慧一样：可以，尽力冲击第一；不行，就当庆祝自己得了第二、第三；再不行，做一个在路边为别人鼓掌的人也不错。

"不是第一名也没关系！"不懂的事情慢慢学，一点一滴去掌握，拿出决心去努力，总有一天你也可能成为第一名！在这个世界上，即使不能成为这一领域的第一名，也还有机会成为其他方面的第一名：和睦相处第一名，待人热情第一名，会讲笑话第一名……

不要有太大的精神压力，生活中出现了一些不尽如人意的地方很正常，因为生活从来都不是一帆风顺的，冷静分析完出现这些情况的各种因素，你就会发现其实属于你的责任并没有想象中那么大。

学会用挑战的心态应对挫折，发挥你的优势去寻找力所能及的应对措施和解决方案，适当寻求他人的帮助，同时也要学会转移注意力，看到好的方面。比如，庆幸困难时依然有朋友愿意帮助你；感恩问题还能够有挽回的余地，给积极应对的自己点赞。

人的一生很长，靠的是积累，而不是一蹴而就。不要急功近利，只有一点点进步累积起来才是成长。天时地利人和，人的因素只有33.3%，所以请从过程中体会快乐和收获，不要执着地要求自己做到最好。

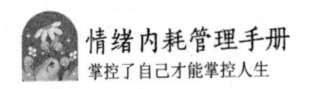

## "曲线"拯救你的梦想

有心理学家研究认为：当一个完美主义者站在A点，他想到B点去，总是坚持最为完美有效的方式——走直的路线。这就是完美主义者所抱有的认知和情感的基模。

据说在深海里，有一种鱼叫马嘉鱼，长得很漂亮，银肤燕尾大眼睛。它们平时出没在深海中，只会在春夏之交时，随着海潮漂游到浅海产卵。

渔民们捕捉马嘉鱼的方法其实很简单：用一个孔口粗疏的竹帘，下端系上铁，放入水中，由两只小艇拖着，拦截鱼群。马嘉鱼的"个性"很强，只要认准一个方向，就不会做出任何改变，即使闯入罗网之中也不会停止向前。所以，一只只马嘉鱼"前赴后继"地陷入竹帘孔中，帘孔随之紧缩。竹帘缩得越紧，马嘉鱼越愤怒，它们越会拼命地往前冲，结果就被牢牢卡死，束手就擒。

不懂得拐弯的人，在日常生活和工作中也像马嘉鱼一样。结果"一根筋"让他们在追求梦想的过程中屡受挫折。俗话说：变则通，通则活。头脑灵活之人，会让自己适应世界，而不会让世界来适应自己。

著名作家陈忠实从小家境困难,父亲不能同时供养他和哥哥一起读书,就让他休学一年,在家挑起农活重担。然而,这一年却让他与大学失之交臂。因当年特殊情况,全国各高校大大减少了招生名额,虽然他考了全校第三名,但还是名落孙山。

在得知自己未被录取的消息之后,他感到自己所有的理想、前途和未来在一瞬间都崩塌了。父亲很担心陈忠实,就问他:"你知道溪水是怎样流出大山的吗?"他茫然地摇摇头。父亲缓缓地说道:"溪水遇到大山,冲不垮,越不过,但它会转向旁边,绕道前行,借势取径。记住,大山的旁边就是出路,是机遇也是希望!"

一语点醒梦中人。此后,陈忠实开始在农村当小学教师,其后又去了中学任教,再后来又担任了文化馆副馆长、馆长,一路闯关。二十年后,他走出了大山,进入省作家协会工作。后来,他凭借三十年的生活积累,写出了大气磅礴、史诗般的巨著《白鹿原》,令世人震惊。

我们的人生何尝不是如此,谁都不可能永远一帆风顺。天有不测风云,人有旦夕祸福。有时,我们总会遇见无法摆脱的困难。此时,我们要学会像水一样流淌,学习水的智慧,学会生存与发展。像水一样流淌,这是岁月积累和沉淀的大智慧。水遇到大山,就巧妙地转弯,绕道而行,因为它的终点是前方,前方就是它的期盼!我们遇到困难与挫折,如果无法克服或消灭它时,不如也学学流水,在大山旁边寻找较低处突围,依山而行,因为我们的梦想在远方。

学会走"曲线",不是阿谀逢迎、见风使舵,而是以柔克刚、以退为进;学会转弯,不是正面对撞、以卵击石、鲁莽蛮干,而是四两

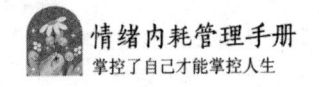

拨千斤，找到合适的支点，撬起一座大山。

在实际生活和工作中，任何事物的发展都不是一条直线。智慧之人能看到直中之曲和曲中之直，并能不失时机地把握事物迂回发展的规律。通过迂回应变，我们一定能达到既定的目标。反之，一个不善于变通的人，"一根筋"只会四处碰壁，被撞得头破血流。

无数事实告诉我们，无论是思想还是行为上的停滞不前，其最终结果只能是失败，不要固执地走一条没有结果的路，让自己不断探寻新的思路，也许走一条曲线就可以突破原有的成就，将自己提升到另一个高度，创造出新的辉煌。

第五章
# 克服畏难情绪，直面困难才能搞定困难

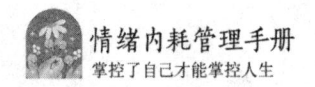

## 有时候，事情并没有你想象的那样糟糕

莫泊桑曾说："生活永远不可能像你想象的那么美好，但也不会像你想象的那样糟糕。"当我们在面对一件自认为很困难的事情时，就非常容易陷入拖延之中，但很多事情往往只是看上去很难。

郭佳进入职场还不满一年，最近她被分到一个新项目中，在培训结束的时候，所有人都需要到市场去实操，向实体店的商家对接公司的产品。

一直以来，郭涛都是一个比较羞涩的女孩。突然接到这样的任务，她一下子不知道该如何做才好。

任务开始的第一天，她向领导请求先跟在有经验的老同事身后学习，之后再独立与商家对接。跟着老同事在外面跑了两天后，她仍旧没有足够的信心独自和商家进行对接，她只能再找其他的理由避免独自外出。结果找来找去也没有找到合适的理由，最后她只能用请假来躲避与商家对接。

到了月末考核业绩的时候，郭佳因为没有完成一次对接，受到了领导的批评。

因为之前没有做过对接事宜，再加上性格比较内向，导致郭佳在面对陌生的事情时，主观上感觉事情困难，自己很难做到。

当我们感觉到将要做的事情比较困难时，内心会自然而然地涌现出一种恐惧感。这种恐惧感让我们的行动变得迟缓、拖延，导致任务迟迟不能完成，甚至是迟迟不能迈出第一步。我们把这种情绪称为畏难情绪，畏难情绪是导致拖延症的重要原因之一。

但你有没有想过，我们在面对那些所谓的"困难事情"时，还没有开始做，它的"困难"程度我们是从哪里得知的？它又是如何给我们带来恐慌的？

在接到一个新的任务时，我们会不自觉地拿我们过往的经验，来对这项任务的困难程度做出一定的评估。我们的恐慌感就是由这个评估结果造成的。

但这种评估很多时候是不准确的，我们过往的经验所对应的是当时的自己，那时候的自己能力还不够成熟，很多认知还不够健全，这样的我们在面对一些事情时难免会遇到一些困扰，但如果我们把当时积累下的一些经验当作现在评估一项任务的尺度，在忽视了自身进步的前提下，最终得出的结论也会与客观事实有很大的出入。

在遇到一件自己从未遭遇过的事情时，我们还喜欢"借鉴"别人的意见，并根据别人的意见或大众的普遍认知来对这件事情做出一些难易的判断。大多数人认为困难的，我们也会认为它做起来定然不容易。

但是，很多事情具有极强的针对性，所谓的大众普遍认知和别人的意见都不具有参考价值。这种情况下，如果你对事情的评估还过于依赖外部的声音，那么你的评估结果也会变得不够准确。特别是在外

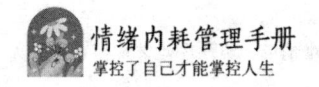

界声音都认为某件事情较为困难时,你会在事情开始执行之前就产生严重的恐惧情绪,在恐惧情绪的作用下,你会迟迟不敢迈出第一步。

所以,在面对我们自认为比较困难的事情的时候,我们要有保持清醒的头脑,勇敢地面对,调整好状态,使自己处在一个最佳状态,精力充沛,做起事情来自然就不会觉得那么难了。

另外,行动永远大于想象。我们与其被困在想象之中,还不如行动起来,去真正地感受。任何事情,只有你去做了,才知道究竟是难做还是好做。行动起来,哪怕是先投入十分钟,尝试着做下去,也许你就会觉得事情也不难。

我们不能活在想象之中,而要活在现实世界里。即使我们真的遇到困难,不要怕,行动起来,坚持下去,不要放弃。只有不断地克服困难,才能不断地提高、进步,从而获得成功。

## 看似麻烦的事情，做起来就简单了

李小冉到朋友家玩，一进门就被阳台上种满的植物吸引了。玫瑰、茉莉、桂花、杜鹃……花团锦簇的景象让整个屋子充满了生机。朋友见她喜欢这些花，就打算送她几样花苗，并把栽培的方式告诉了她。李小冉细心地记下了这些栽培方式。当朋友打算再送她一些花苗的时候，李小冉说："够了够了，我这人嫌麻烦，这两样已经足够我忙活了，再多我也收拾不过来。"

李小冉带着花苗回家后已经不早了，一想到还要买花盆、花肥就一阵厌烦，索性就把花苗放进了有水的瓶子里。第二天下班回家时，她见花苗还活着，就盘算着先让花苗这样放着，等到周末的时候再去收拾它。

到了周末，李小冉发现这些花苗全都死了。

就像阳台上的花团锦簇，生活中大部分美好的事物都是"麻烦"的，当你因为嫌麻烦而拖着迟迟不开始做的时候，你的生活就在拖延中一步步沦为粗糙，失去了拥有精致生活的机会。

有人说："你荒废的每个瞬间都是未来。"的确，我们总会因为

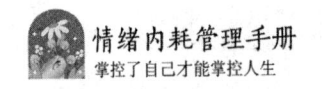

一些事情过于麻烦而拖着迟迟不肯开始，却不知道美好的生活都是麻烦的，嫌麻烦而拖延让我们错过了很多美好的东西。

所以，当我们面对一件麻烦的事情没有头绪、不知道应该怎样入手时，千万不要着急，我们可以尝试着缩减任务的执行步骤，把复杂的任务精简化，让它变得不再复杂，就可以直接避免因嫌麻烦而导致的拖延了。

就拿跑步来说，很多人会因为跑前找装备和跑后洗澡换衣服等一些烦琐的事而搁浅跑步计划。针对这种情况，你可以预先就把运动装备准备出来，下班后回到家直接换好装备出去跑步即可。

这种减少执行步骤的方法能让你整个任务的执行过程变得更为直接，进而避免嫌麻烦而造成拖延。

我们还可以让烦琐的过程变成一种享受。通常，我们会认为麻烦的事情就是无聊的事情，没有意思的事情当然是不愿意去做了。此时，我们可以通过使用更好的工具（如工作中使用手感好的键盘、鼠标、耳机等），装扮任务执行的环境，一边做任务一边听音乐来提升任务执行过程的体验感，让整个过程变成一种享受。

在遇到麻烦的事情时，我们不要气馁、拖延或不想去做，要调整好心态，坚持做下去，一定会收获到意想不到的结果。

第五章　克服畏难情绪，直面困难才能搞定困难

## 没有灵感不是你止步不前的借口

村上春树曾说："世上有的人要等到灵感来访才开始写作，那样就无法成为专业作家。要是枯等灵感来访，那么永远也写不成小说。既然从事写作，每天坚持不懈地写至关重要。"灵感是很难等来的，它只会在不断地创作中逐渐显露。

郑佳佳是美术学院的一名学生，她的毕业任务就是交出一幅能够打动人心的画。她想在接下来的三个月时间里等找到灵感了再画。结果，她每天不是约闺蜜逛街，就是躺在宿舍吃零食追剧。就这样，两个多月的时间转瞬即逝，郑佳佳玩得天昏地暗，至于画画则是完全被搁在了脑后。

离交毕业作品还有几天时间，郑佳佳开始着急了，不过此时的她还是一点灵感都没有。

到了交作品的日期，郑佳佳只好把自己随手画的一幅画交了上去。结果，第二天画就被教授给退了回来。最后，郑佳佳迫于无奈只好再留校一年。

灵感是不会主动跑到我们的脑海中，让我们轻易地抓住的。灵感

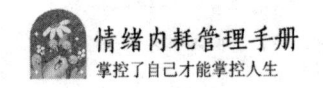

来源于我们不断地学习、积累、思考，在达到一定程度以后，灵感才有可能出现。很多人喜欢拿没有灵感来为自己的不努力找借口，拖延时间，让自己能够不被时间限制，从而活在悠闲自在之中。时间长了，我们就会患上拖延症。

想要让灵感主动来找我们，而我们却不去努力，这就是典型的守株待兔。其实，灵感是需要我们主动去寻找的。

鲁迅说："哪有什么天才，我只是把别人喝咖啡的工夫都用在了工作上。"巴尔扎克每天只睡四五个小时，靠喝大量的咖啡来提神，剩余的时间基本都在写作。我们只有不断地去努力，才能让灵感光顾我们。

等待灵感，只会让我们失去更多的机会，导致我们把该做的事情一拖再拖下去。等待灵感只是自我安慰的借口，没有灵感不能成为拖延的理由。没有灵感这句话更多的是懒惰和拖延的伴生品。

而那些号称平时找不到灵感的人，很有可能是因为对自己专业的研究还不够深入。为什么我们很少听到某些科学家说找不到灵感？因为他们对自己所做的事情非常了解。只有认真地研究过事物的本质，我们才有可能出现灵感。

广博的见识也是灵感的重要来源。灵感的获得，除了个人的专业学习以外，剩下的就是靠从各个渠道获得的知识带来。如果一个人的知识获取方式过于狭隘，那么知识的汇入量会变得越来越小，最终将导致灵感的丧失。只有扩大知识面，不断地学以致用，保持终身学习的态度才可能获得源源不断的灵感。

通常，灵感的获得必须手脑并用。人类祖先区别于别的动物的进化过程就是双手劳动。劳动才能够发掘出智慧，智慧就是灵感的来源。过于懒惰的人,既不会读万卷书,更不会行万里路,那么就不可能见多识广。懒惰断绝了灵感的来源方式,而这些人自然也就只能以"等待灵感"作为自我安慰的借口。

灵感绝对不会在我们懒惰或者没有付出任何行动的时候跑进我们的脑子里,这是不现实的。灵感从来都是需要我们付出行动寻找的东西。

为了能够获得灵感,我们不妨换一下自己所处的环境。环境会对人们产生积极的影响。一个特殊的环境,往往能够给人带来身心的愉悦,引导人们思考,并启迪人的思想。比如,美国著名作家亨利·戴维·梭罗在创作《瓦尔登湖》时,独自在瓦尔登湖旁边建了一所房子,生活了两年多时间。

为了能够获得灵感,我们还可以试着多接触不同的人。每个人的经历都是不同的,同样每个人一生的经历也是有限的,这样就限制了我们的思考。想要打开我们想象的空间,我们可以多跟不同的人接触。在不断地接触的过程中,我们的思维就会被打开,当我们听到一个人的讲述时,或许就会迸发出灵感。

所以,不要再将没有灵感作为自己拖延的借口。灵感需要我们每个人去寻找,而不是站在原地去乞讨。只有这样,我们才能找到灵感,并得到丰厚的收获。

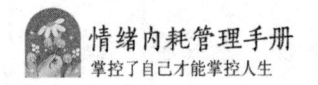

## 不要把期望值设置得那么高

王辉本是一位很有抱负的青年，毕业后选择了北漂，决定在北京闯出一番事业来。然而，他的求职路却屡屡受挫。

由于他不是重点大学毕业的，大的企业看不上他，普通的小企业他又看不上。但他觉得自己是个有能力的人，只不过是怀才不遇。就这样，他靠着父母的接济过了半年。最后，他实在是坚持不下去了，便回了老家。

在父母劝说下，王辉考上了公务员，在老家踏实地干着扶贫工作。由于良好的工作态度，王辉收到了众多老乡的感谢信，也一再受到上级的表扬，而他觉得现在干的事情才是真正符合他人生价值的事情。

生活中，很多人希望自己能够在大城市中大展宏图。结果，期望越高，失望也就越大。所以，我们的期望要与实力相当，有怎样的实力，才能撑起高期望。

现在的很多年轻人，特别是大学应届毕业生，他们往往并不了解社会的真实情况，总是自我感觉良好，觉得自己的水平和能力非常高，能够做好重要的事情，结果因为盲目自大，挑三拣四，最终一事无成。

对自己错误的预估和过高的期望最终只会让我们在面对现实时变得更加消极，在经历过本不该有的挫折时变得意志消沉。而且，过高的期望会让我们的生活变得很累。

对自己期望过高的人，通常情况下都很自负。所谓自负，就是源于过度的自信或者自大，而自大则是一种典型的期望超过能力却依旧不反省的态度。这样的人看不清自己的实力，也无法看清事情的困难程度，天真地相信只要用嘴和所谓的意志就可以完成任务，而真正到事情来临的时候就会发现并没有自己想象的那么简单，可是反悔又来不及了，只好把苦水往肚子里咽。

确实，我们需要有梦想，但必须经过周密的计划，确认通过努力可以实现它，不然只能叫它白日梦。所以，把自己的梦想降低一点，脚踏实地一步一步去完成每一步才是正确的做法。

作家张德芬在她的文章中写道："通往地狱的道路是期望铺成的。我们整天庸庸碌碌、费尽心思去改变外在的人、事、物，好让它们符合我们的期望，难怪会如此疲惫且气馁。殊不知我们需要管理和改变的是我们的期望，这比与外在的人、事、物较劲来得容易多了。"

此时此刻的你是不是对此深有感触呢？

不妨先收起我们的高期望，从力所能及的事情踏踏实实地做起。相信终有一天，你能触及自己的那一片天。

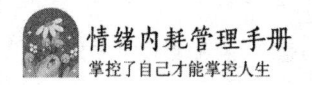

## 很多时候，完成比完美更重要

袁何是一名新媒体编辑。和那些混日子的小编不一样，袁何对自己编辑的文章一直都非常负责任。不过，他编辑文章的效率不高。这让他非常困扰，上级领导对此也很是不解。

直到有一天，领导观摩了袁何的编辑过程才发现其中的问题、袁何事事追求完美，而且还喜欢咬文嚼字，如此效率怎么会高。

于是，领导提出了一个意见，让袁何先一气呵成地把文稿编辑完，最后再在细节上对内容进行优化。果真，袁何的效率提高了不少。

所以，过分追求完美必然会降低工作效率，给人带来不必要的影响。我们应当像这个领导提议的那样，在完成事情的整体之后，再去适当追求完美，但是千万不要因为吹毛求疵的习惯而影响工作效率。

如果我们凡事苛求完美，就会陷入追求完美的旋涡，总认为自己做的达不到完美的标准，不断修改、重来。其实，很多时候完成要比完美更重要。

完成和完美的主次关系我们应该分清楚，完成主要是针对事情的整体性，而追求完美则更加关注细节的方面，明确了两者的关系，才能够保证工作的效率。

完美是理想的终极目标，几乎所有的人都达不到这个目标。我们只能无限接近完美，而不能绝对达到。当我们达到了一定的高度以后，再向完美这个终极目标靠近时，每一步都是巨大的成就，都应该被尊敬，而前提就是先要把事情完成。把事情完成是走向完美最基本的条件，如果我们连这个条件都不具备的话，永远也达不到完美。

因此，我们要把完成看作是最重要的事情，先把事情完成。然后，再以完美为自己的标准，不断地完善细节，来使自己的能力得到不断提高。

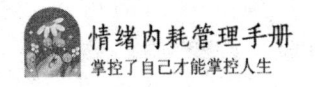

## 学会制造等不及的紧迫感

我们经常会发现这样一个现象：在做一件事时，如果时间宽裕，很少有人会抓紧时间去做，总会一拖再拖，到了实在不能再拖不去时才去做。

每个人都是一个独立的个体，都有自己的思想，做着自己的事。特别是在现在竞争激烈的社会中，更没有人会催促你，让你抓紧时间做一件事。更多人希望你推迟去做，甚至不去做，这样他们会更有竞争力。

如果我们不给自己制造"紧迫感"，就很容易陷入拖延之中。一旦陷入拖延中，我们就很难在最短的时间内把事做好，在讲究效率的现代社会，慢一点点就有可能会被淘汰。

所以，我们要提高自己的自控力，不让自己故意拖延，而是迅速行动起来，抓紧时间去做事。

李明是一家房地产公司销售部的销售员，他刚入职不到一个月。对于新员工，公司不会给他们设定每个月的销售额。

入职第一天，李明就给自己算了一笔账：这个月还有3 000块钱的房贷，加上自己的吃喝以及请客户吃饭，少说也得6 000多块钱。自己的基本工资才2 500元，自己得再拿到3 500块钱才能生存下去，也就是说他至少得卖出去一套房子。

他算好了账以后，瞬间感到压力山大，他制定好每天的计划，一分钟都没有休息就跑出去见客户了。

俗话说："有压力就有动力。"李明迫于生活的压力，在工作中丝毫不敢有一点怠慢和拖延，而是迅速投入工作之中，加倍努力去做事情。这就是李明给自己人为制造了"紧迫感"，让自己紧张起来。

给自己制造"紧迫感"，能够让我们认真对待一件事。职场中有这样不成文的共识：限定了时间的任务就是重要的，没有限定时间的任务就是不重要的。当我们在做没有时间限定的任务时，心就会放松下来，想做了就做，不想做了就不去做。

给自己制造"紧迫感"，能让我们感受到事情的重要性。这也是为什么那些效率非常高的公司，要求员工每天都要总结自己的工作进展的原因。

我们给自己制造"紧迫感"，能够让我们显著地提高效率。适度的紧张，能够让我们全身的细胞都活跃起来，特别是脑细胞。当我们身体处于适度的紧张中时，还能激发出我们的潜力，甚至超常发挥。所以，当我们做一件事时，要给自己制造"紧迫感"，显著提高效率，增加做事的成功率。

优秀的人总是忙忙碌碌，平庸的人往往没事可做，这就是差距。我们每个人都渴望成为一个更好的人，这就需要我们提高自控力，不拖延，给自己制造"紧迫感"，让自己行动起来有事可做，把事做好。

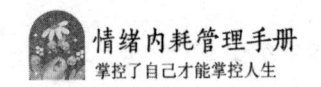

给自己制造"紧迫感"需要用到一些实用的方法,以下这三种就非常好用。

1. 学会定倒计时钟

定倒计时钟的方法对于制造压迫感可以说是简单易行。它可以让我们更好地掌控时间分配方式,还能让我们清醒地看到时间的流逝,我们可以把要做的事情设定一个合理的完成时间,这种效果类似于学校的考试,目的是给我们一个清晰的结束期限,从而制造压迫感。

2. 学会凡事往坏处想

既然需要的是紧迫感,那么我们就暂时不需要再去推崇乐观精神,我们需要采纳悲观者的想法,否则永远不会产生紧迫感。每做一件事时,我们需要想到如果没有完成这件事情,会产生怎样可怕的结局。结局必须尽可能往坏处想,罚款、开除等只要能够让我们产生提心吊胆效果的就可以,虽然这些想象我们知道并不会真的发生,但这些令人担心的想象往往能够让我们的头脑和手脚更加敏捷,从而更好地提升工作效率。

3. 跟优秀的人竞争

在跟优秀的人竞争的过程中,我们能够清楚彼此之间的差距,当我们看到差距明显被拉开以后,就会产生"紧迫感"。即使是自己超过了别人,也会因为害怕被别人反超而保持"紧迫感",拼命地往前赶,和别人拉开更大的差距。

学会给自己制造紧迫感,可以让我们在事业和学习之路上保持积极性,帮助我们更好地提升。如果你习惯了长期给自己制造紧迫感,相信将来必将会做出一番成就来。

## 第六章
## 约束注意力，获得专注的力量

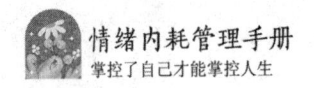

## 专注做一件事情

20世纪90年代,电影《城市滑头》深受观众喜爱。由杰克·帕兰斯扮演的克利揭示了一个非常深刻的真理:"一件事。只有一件事。你坚持做这件事情。"他告诉由比利·克里斯特尔扮演的一个世故的城里人,只用了短短的几句话,就说出了成功之道。

把我们的目光放窄,将所有的注意力集中在一件事上,只专注一个目标或者一个成就,就能够让一个人在一天中做得更多。

办公桌的记事本上写满了任务计划,日历上记满了需要去做的一件又一件事情,这些都会把我们的注意力分散成零星的小块。然而,这只会让我们什么事都做不好。

与其不断地增加我们的待办事项,不如减少一些不必要的事项,一次只做一件事。当我们把主要任务当作第一要务时,接下来的事情都将变得井然有序。

我们唯一面临的挑战就是,怎样快速找到一个焦点。当找到了这个焦点以后,我们的行动就会变得自然、有序。

激情和技能经常和一个人的"一件事"如影随形。当我们只有一个焦点时，并花大量的时间来培养一个技能，期望能够改善结果，就会显著增加快乐感。

比尔·盖茨上高中时就对计算机编程产生了浓厚的兴趣，并专注于此，最终成为微软公司的联合创始人。

能否专注于一件事情，是成功的人跟普通人的最重要的区别。成功的人往往能够清楚什么事情对于他们是重要的，然后把80%的精力集中到20%的重要事物上，最终获得成功。

普通人一般把自己有限的精力平均分配到自己做的每一件事情上。他们认为这样做能够多做一些事情，多产生一些价值。而事实却是，他们的每一件事情都做得平平，并没有把价值最大化，并且分散精力，还会让他们感到非常疲惫。

许琳欢大学学的是美术专业。平时爱好颇多的她还自学了写作、舞蹈，并且都小有成就。大学毕业后，她到一家动漫制作公司开始了工作。

自此，许琳欢把时间都用在了工作上。平时，公司同事让她去聚会，她也是能推就推。

工作一段时间以后，她就被任命为动漫设计组组长。

许琳欢在工作上的成就就是源自她的专注。

如果你要做出一些成绩，如果你想有所成就，那么，请你试着专注做一件事。相信不久之后，你便能有所收获。

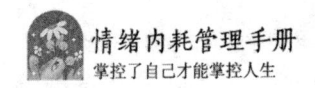

## 对任何分散精力的人或事说"不"

"明天周末有时间吗？和我一起去逛街怎么样？上次去逛街发现刚开了一家衣服店，里面的衣服真的太漂亮了，你一定会喜欢的。"

生活中，我们经常会遇到这样的请求，面对关系较好的朋友提出这样的请求，很多人不会拒绝，即使当时自己有事或者不太愿意。拒绝这个词，在很多人口中是很难说出口的。

公司中，许婧和孙雪巧关系最好。工作遇到问题时她们就相互帮助，共同解决，下班以后，一起出去吃饭。

后来，许婧报了一个技能培训班，每天晚上八点上课，一直上到九点半下课。周末两天都是上午上课，下午休息。但是，孙雪巧并不知道这件事情。又到了周五，孙雪巧对许婧说："咱俩好久没出去逛街了，周六一块儿出去逛逛吧，我这周一个人在家实在无聊。"许婧不好意思拒绝，只好勉强答应了。随后，许婧跟培训老师打了一个电话，编造了一个理由，请了一天假。

周六，她们二人逛了一天。尽管如此，许婧心里多少有些不开心。因为落了半天的课程，第二天上课时，她听得有些吃力。回家后，她花了很长时间恶补了前一天的内容才把不会的学明白。

俗话说："死要面子，活受罪。"很多人宁愿自己受点委屈，也要答应别人的请求，帮助别人做事情。而当这样的事情发生的次数越来越多时，别人会把我们当作"老好人"，也就是不愿意得罪别人，什么事情都随着别人的人。只要别人说出口，我们就会答应。

"比林定律"说，人的一生中，我们总是说"是"太快，说"不"很慢。美国幽默家比林提出了这个观点。因此，对于我们来说，在交际过程中，当你遇到别人的请求时，不要急着答应对方，而是要勇敢地说"不"。

但是，这个定律听起来非常容易，实际执行起来却有一定的难度。我们经常会陷入进退两难的境地。即使我们知道会打乱自己原本的计划，但是也不忍心拒绝别人，最后委屈自己满足了别人的请求。对于我们来说，这显然是一个损失。这样的交集，没有丝毫的意义可言。

加里·凯勒在《最重要的事只有一件》这本书中这样写道："保护自己的预留时间，并且使自己保持高效的方法就是，对一切会分散精力的人和事情说'不'。"我们如果觉得直接开口比较难的话，可以以体面的方式拒绝，比如礼貌地引导他们寻求别人的帮助，找到那些更擅长帮助他们的人。

卓别林说："学会说'不'吧！这样的话，我们的生活将会美好得多。"在很多时候，需要说"不"时就说"不"，不要觉得对不起别人而不好意思拒绝。勉强自己答应别人不但不会让你在交际上

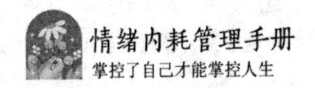

取得骄人的成就，反而会让你的生活因为不善于说"不"而变得更加失意。

所以，当别人请求你做的事情跟你要做的事情有冲突时，或者对于你来说是无理要求的话，就应该果断拒绝，这样才能避免他们打乱我们的节奏，影响我们的生活。

## 控制好你的注意力，避免被无用的信息"绑架"

郭静琪在一家公司做网站编辑。每天上班，她的第一件事情就是打开电脑看新闻，并从中寻找有用的内容，进行编写和整理。在看新闻的过程中，她会顺便浏览一些诸如明星八卦、减肥广告等网页。

当看完了这些信息以后，她还会时不时地拿出手机，刷一下朋友圈、微博。看到一条关注度非常高的微博，她也会看下面的评论，顺便发表一下自己的见解。

把这些事情都做好以后，她突然发现一上午的时间快没了。于是，她抓紧时间开始工作。可是，没工作一会儿，肚子又饿了，她便把工作推到下午去做了。

到了下午，她又重复着上午的事情，下班了也没做多少工作。时间一长，主编发现每个月都是她的工作量最少，就找她谈话，批评她工作不认真。痛定思痛的她决定再也不看那些与工作无关的信息了。

晚上，她主动搜索了第二天需要的素材。上班以后，她抓紧时

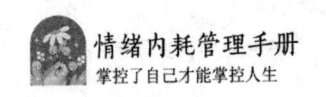

间整理，并且一上班就直接把手机关机，也不再关注那些新奇的新闻。没多久，不仅她发表的文章数量有了明显的提升，质量也非常不错。

当我们摆脱掉无用信息的绑架以后，就能节省下大量的时间。将这些时间用在我们认为重要的事情上，我们一定能够收获不少。

没有了无用信息的干扰，我们的专注度也会有明显的提升。当我们专心去做一件事情的时候，就会投入大量的时间和精力。而做成一件事情，最重要的就是要有时间和精力的保障，当这些条件达到了以后，事情做起来也会变得相对容易一些。

当然，依靠提升自己的注意力来达到摆脱无用信息的绑架，是需要时间来慢慢提升的，并且需要借助一定的方法来帮助自己。

1. 打开信息过滤

当大多数人不堪信息的骚扰之时，人们也在想应对的办法。其中，最好的应对办法就是主动打开信息过滤，从源头上解决信息绑架。手机会自动过滤掉一些无用的信息，这样你就看不到这些信息了，当然就能在一定程度上避免被信息绑架了。

2. 退群和屏蔽群

退出那些没有任何好处的圈子，比如你的酒肉朋友圈子。弱化可有可无的圈子，比如同事之间的一些圈子，你与圈子中的人关系一般，因为是同事，所以不得不加入。在私人时间，你需要把这些圈子都屏蔽掉，尽量少参与其中。

3. 将通知的声音关掉

一天之中，我们会收到很多信息，当然其中有很多是无用的。当我们正在做一件事情的时候，信息提醒的声音会干扰到我们的工作，严重时甚至会导致我们工作效率低下。

此时，我们完全可以把自己手机的信息通知关掉，等到休息的时候，再拿起手机看一下。

控制好注意力，避免被无用信息绑架，可以让我们更专注地做事，同时也能更快更好地将事情做好。

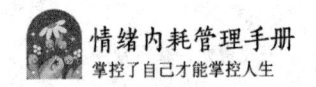

## 朋友圈里"努力"的戏精们，请悄悄努力吧

"坚持跑步第一天，坚持跑步第二天，坚持跑步第三天……"在很多人的朋友圈会看到这样的动态，有的坚持发朋友圈一个月；有的更短，只有十几天。然后，就再也看不到他们发此类朋友圈信息了。

在社会中，有很多人在做完一件事情后，总爱发朋友圈，希望得到别人的点赞和回复。为此，他们往往在发朋友圈之前，花费几个小时的时间专门拍照和修图，然后精心地配上文字后发到朋友圈上。

很多时候，他们明明知道发朋友圈是在浪费时间，可还是忍不住要发朋友圈。这是因为在信息化的时代里，人与人的交流很多是通过朋友圈。通过朋友圈，我们可以知道远在天边的朋友最近在干什么，还可以用朋友圈来炫耀自己，得到别人的认可。

而那些发朋友圈的人的目的就是让别人看到自己在"努力"，让别人认为自己是一个努力奋斗的人。实际上，这却是一个假象。在现实生活中，自己不去执行，只是摆一个姿势拍个照，然后就发朋友圈，根本就没有真正努力过。

孙鑫组织了一次朋友聚会，几个老朋友见面以后，感慨良多。孙鑫问他的一个朋友说："我们几个时常发一下朋友圈，说一下最近的状况和遇到的事，唯独看你几乎没发过朋友圈，这一聚会，才知道你都是一家公司的老总了。"

朋友回复说："创业时比较忙，发朋友圈既浪费时间，又会分散我的注意力。与其这样，还不如不发朋友圈，专心做自己的事情。"

听了这些话后，几个朋友都感到非常惭愧。

与其摆拍发朋友圈，骗自己骗别人，还不如不发朋友圈，把时间用在做一件事情上，专注于做一件事情。当我们把这件事情做好，成了一个领域的专家，反而会得到很多的关注和羡慕。

当一位记者采访著名篮球巨星科比时问道："你为什么能如此成功呢？"科比反问道："你知道洛杉矶凌晨四点钟是什么样子吗？"记者摇了摇头说："不知道，那你能说一说洛杉矶每天四点钟的样子吗？"科比用手挠了挠头，说："满天星星，灯光很暗淡，行人非常少。"

那些真正努力的人，是不会在意别人的看法的。他们知道努力是自己的，需要自己去做，而不是花时间去发朋友圈感动自己。他们没这个时间，因为他们正在专心做一件事情。

黄霑曾经说："没有不懈地努力，有多少天才、天赋，也是枉然。"所以，我们要真正努力起来，而不是靠发一个朋友圈，让大家知道你很"努力"。时间是不会骗人的。只有真正的努力，才能结出丰硕的成果。

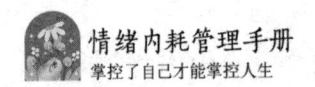

## 把一件事做到极致，胜过平庸地做一万件事

巴菲特曾说："专注于一件事，花点时间把事情做到极致，这是许多人成功的奥秘。"社会中，有太多人渴望在最短的时间内成功，这个工作还没干几个月，觉得没有发展前途，就换下一个工作了。就这样，他们一直在换工作，最后却一个也没做好。

世界著名的物理学家丁肇中先生，仅用了五年多时间就获得了物理、数学双学士和物理学博士学位，并于40岁时获得了诺贝尔物理学奖。丁先生说："与物理无关的事情我从来不参与。"

专注于一件事情，哪怕这件事情再小，只要我们能够专心做下去，并将其做到极致，我们就能成为一个领域的专家。

小野二郎在日本拥有着崇高的地位，被日本人尊称为"寿司第一人"。九十多岁的他，做了六十多年寿司。他开的寿司店在东京银座办公大楼的地下室，店铺非常狭小，最多一次能容下十个人就餐。但是，这家店却被《米其林美食指南》评为三星美食店。尽管去他的寿司店就餐须提前一个月订餐位，就餐时间为15分钟，人均消费约1 750元人民币，但是慕名而来的客人还是络绎不绝。

小野二郎注重寿司的每一道工序，并将每一道工序都做到最好。因此，他能够把寿司做到极致。对于做寿司的执着，起源于他对于工作的认真态度和坚定信念。在小野二郎很小的时候，为了生存下去，他开始拼命工作，甚至觉得假期太长，每天都在工作。

小野二郎对于顾客的重视也到了极致的地步：他会根据顾客的性别精心安排座位；根据就餐的进度，把握好每一位顾客用餐的节奏；根据顾客的习惯，适当调整分量。很多顾客说："他观察我们，比我们观察他都要认真。"

小野二郎把心思都放在了寿司上，专注做寿司几十年，最终取得了巨大的成功。他的这种专注，让他排除了杂念，抵制了诱惑，践行了一心想要做好一件事情的诺言。不要认为做一件事情很轻松，只要坚持几天就能成功。有这种想法的人，往往是坚持不下去的。

无论是生活还是工作中，都充满了竞争，只有比别人做得更好，我们才能够脱颖而出，成为胜利者。而想要脱颖而出，我们就要专注于一件事并把它做到极致。

罗辑思维团队花费两年多的时间，开发出了得到App。发布一年以后，营收就超过了一亿元。两年后，用户数量达到了两千万。在网络发达的时代，得到是怎样竞争过强大的对手，获得成功的呢？

《过去4年，罗辑思维给我的10点启发》一文中，罗辑思维联合创始人快刀青衣讲了这样一件小事。当罗辑思维团队在做得到App时，一个客户投诉了一个BUG（漏洞），一个工程师收到以后立刻去测试，可怎么也测试不出来。随后，他又拿来了整个团队的人的手机——测试，依然没有测试出来。

这位工程师主动联系了那位投诉的用户，并且在电话里说要上门

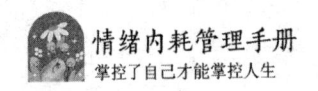

拜访，看一下究竟是什么情况。公司离这位用户的距离是20千米，坐地铁最快也要一个小时。这位工程师下了晚班就立刻赶过去了。回来后，他便把问题解决了。

快刀青衣说："这个BUG出现的概率不到1%，并且也并不是核心功能。一位工程师，完全可以不去理会这件小事情，完全可以让测试、产品经理、运营去，但他却去了。"

罗振宇说："如果有一件事情我们做不到最好，那我们会选择不做。"我们做再多的事情，如果只是深入浅出，不能专注于其中，把它做精、做到极致，就没有任何意义。

总而言之，我们做再多的事情，如果都做得很平庸，还不如把大多数事都舍弃，专注于一件事，并把它做到极致。这样，我们会收获得更多。

## 提高你的抗干扰力

无论是工作还是生活中,我们都免不了受到各种各样的干扰。我们的抗干扰能力比较弱,就会受到影响,甚至不能正常做事。相反,那些抗干扰能力强的人,非但不会被打扰,反而会更加专注地做事。

有时候,我们在做一件事情,有一些人会不理解,主观上认为我们做的是错误的。这些人会把他们的思想强加给我们,想让我们信服,听他们的话。很多时候,他们打的旗号就是为我们好。

为我们好,父母让我们放弃大城市的工作,回到他们所在的城市,陪在他们身边;为我们好,朋友劝我们别创业,老老实实找个稳定的工作;为我们好,同事劝我们别参与这个项目。而这些为我们好的人,往往会干扰我们的专注力,严重的甚至会给我们造成严重的损失。

做一件事,在没成功之前,很多人会不理解我们,干扰我们继续坚持下去。这时,我们要提高自己的抗干扰能力,排除他人的干扰,不轻言放弃。有太多不可能的事情就是因为排除了干扰,不在意别人的意见,才做成的。

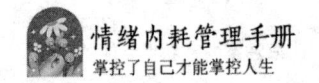

那么，我们应该如何提高我们的抗干扰能力呢？想要提高我们的抗干扰能力，就要勇敢地对别人说"不"。三人成虎，本来没有的东西，说多了也就变成有了。别人的意见，有时候我们通过自己的判断显然是不对的。但很多人对你说，你也就会受到干扰，甚至还会听取他们的意见。

但是，随着我们的抗干扰能力逐渐变强，我们便能显著提高自己做事的效率，且能在短时间内做比以前更多的事。

## 先定一个目标，然后开启全力攻坚模式

孙伟航今年26岁，在一家机械制造工厂的一个车间里当了三年工人。刚开始工作的时候，他还能认认真真地干活。过了半年多，他便觉得自己的工作太简单、太无聊了。于是，白天在工位上混日子，晚上回家打游戏，周末跟朋友们聚会。

两年下来，连自己都养活不了，有时候还得向父母要钱。一天，妈妈来到他的房间，生气地说："你看你，都多大的人了，经济上还不能独立，还得靠父母。你说你以后怎么办，靠我跟你爸养活你一辈子吗？"听到这话，他的心被深深地刺痛了。他立刻拿起东西，告诉妈妈说："我搬出去住了，今年一定会成为小组组长。"

从那以后，他开始认真对待工作，每天提前半个小时到岗。工作时，总是细心地把每一步都做好，还主动加班。回家后也不再玩游戏了，周末也不出去跟朋友玩了，而是在家里看有关提升工作技能方面的书。

到了年底，在公司的总结表彰大会上，领导点名表扬了他，肯定

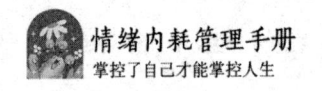

了他的努力，还升任他为小组组长。

彼得斯说："须有人生的目标，否则精力全属浪费。"小塞涅卡说："有些人活着没有任何目标，他们在世间行走，就像河中的一棵小草，不是在行走，而是在随波逐流。"

我们不应该没有目标、无所事事、随波逐流，而是应该给自己定一个目标，在克服困难中成长，不断提高自己的能力。

目标每个人都会制定，但是目标是否清晰，往往决定着一个人的成败。

哈佛大学进行过这样一个研究：以一大批在校生作为研究对象，来研究目标对于一个人的影响有多大。这项研究持续的时间是30年。

哈佛大学根据这一批人的目标的层次进行分类：第一类是没有目标的；第二类是有目标但是目标模糊的；第三类是有短期目标且目标清晰的；第四类是有长期目标且目标清晰的。

30年过去了，经调查发现：第一类人生活在生活的最底层，并且经常遭遇失败和挫折；第二类人生活在社会的中下层，为了自己的生活疲于奔命；第三类人中的多数人成了白领，生活在社会的中上层；第四类人通过自己的努力，大多数人成了社会中的精英或老板。

因此，我们要给自己确立一个清晰、明确的目标。有了这样的目标，无论时间有多长，达到目标的路有多艰难，我们也会专注其中，并实现它。

当然，我们每个人的能力和天赋是不一样的，在一个领域所能达到的高度也是不同的。我们要根据自己的能力，为自己制定一个合适的目标。

  我们制定的目标要有一定的挑战性，轻易就能够达到的目标往往会让我们放松警惕，做起事来不认真，不专心，也不去努力。而制定一个具有一定挑战性的目标，我们的进取心就会被激发出来，带动我们的激情行动起来，专注于做事，提高效率。

## 第七章
# 更新自我,和坏习惯说再见

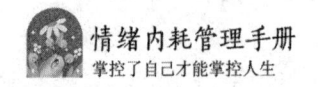

## 暴躁：温和的态度更有力量

领导："为什么不按照我说的去做？"

下属："我感觉我能说服这位客户。"

领导："那你是觉得你的能力比我还强了？"

下属："我不是这个意思。"

领导："不是这个意思，你就自作主张不听领导的话。你是不是不想干了？不想干可以直接走人。"

下属：……

处在职场中的人，应该都遇到过这样暴躁的领导，根本听不进去下属的解释。只要不按照领导的意思去做，就会被骂得狗血淋头。

不只是在职场，我们在生活中也会遇到不少暴躁的人。他们总是忍不住自己的暴躁脾气，动不动就火冒三丈，摔杯子砸碗，把人吓个半死。

暴躁的人总是看不惯别人或是别人的做法，受不了生活中的一些事，没有耐心，爱发脾气。当他们遇到事情的时候，总是不能理智对待，难以自控。这是因为脾气暴躁的人在潜意识中感受到了危险的到来，从而做出应激抗争的反应。而他们脑中所感受到的危险可能并不存在。

如果一个人对整个世界都充满了不安全感，对任何人都持怀疑态度，随时都在无意识地做着应激准备，那么他的身体就会变得僵硬，神经也会紧绷，容易体验到由此带来的焦虑、心跳加速、心慌等。他们没办法跟他人建立亲密的关系，因为他们随时准备着反抗。一旦他们觉得有危险的时候，就会调动全身的能量，启动应激机制，想要喝退"敌人"。

此时，发泄成了他们面前唯一可走的路。局面因此逐渐失控，呵斥、谩骂、诋毁等话语深深地刺痛了承受者的内心，不仅伤害他人，也伤害自己的身体，更伤害彼此之间的关系。

因此，我们要提高自控力，在即将发脾气的时候，能够有效地控制住自己的情绪，使自己平静下来，用平常心对待别人。这样往往能够避免与他人发生冲突，使交流变得更加顺畅。有时，在遇到对方犯错时，我们能够通过自控力来控制自己，从而得到别人的好感，取得意想不到的结果。

被人们称为"石油大王"的洛克菲勒创建了标准石油公司，贝特福特是他的助手。有一次，贝特福特因为自己工作上的失误，致使公司在南美的投资遭受了巨大的损失。面对惨败，他的内心充满难过和自责，觉得对不起洛克菲勒对他的信任。

当他回到公司见洛克菲勒时，不敢抬头说话，眼神总是躲闪。但是，洛克菲勒不但没有痛骂他，反而表扬了他，夸奖他保住了公司60%的投资，已经做得相当出色了。

当贝特福特听到这些话后，非常感谢洛克菲勒的宽容和大度。他

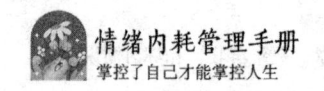

暗下决心，一定要通过自己的努力把损失补回来。在日后的工作中，他全身心地投入了工作，也立下了许多汗马功劳。

如果当时洛克菲勒在听到贝特福特投资失败后，不能控制住自己的情绪，把贝特福特狠狠地骂一顿，贝特福特也不会快速调整状态，为公司卖力工作。

控制暴躁，不仅不会因此伤害自己的身体，而且能够让他人感受到我们的大度和宽容，收获人心，得到他人的信任和认可。

而那些容易暴躁的人，其实只要找对原因，对症下药，都是可以通过提高自控力，改掉暴躁这个坏习惯的。暴躁的形成主要有以下四个原因。

1. 压力过大

生活中，我们面临着房贷、车贷等，这些时刻压紧着我们的神经，使我们一刻都不敢放松；工作中，领导安排的任务，着急去做，害怕完不成、做不好。这些都是形成我们压力的原因，生活在这样的环境之下，是非常容易暴躁的。

2. 睡眠不足

在生活和工作的压力之下，我们会想很多事情，晚上睡不着，白天没有精神，遇到什么事情都觉得不顺心，渐渐地就形成了暴躁的坏脾气了。

3. 心胸过于狭窄

心胸狭窄的人往往喜欢嫉妒别人，心中容不下他人。当看到别人比自己优秀、获得的成就比自己高时，他们的内心就会不平衡，总想发泄出来。哪怕是受到外界一点点刺激，他们也会爆发出来。

4. 长时间吃垃圾食品

科学研究发现：长期不健康饮食、吃垃圾食品，会导致大脑中缺少 $\Omega$-3 这种脂肪酸。这样大脑就会失去灵活性，控制情绪的能力也会受到严重的影响，导致暴力倾向的出现。

当我们保证了充足的睡眠，这样工作效率就有了保障，而且也更容易放松我们的心情。再加上合理控制我们的饮食，控制自己的欲望，我们就能在很大程度上改掉暴躁的坏习惯。

当暴躁远离时，生活中的更多美好才会被我们发现。我们也会有更多的时间和精力去了解这个世界，更好地服务这个社会。

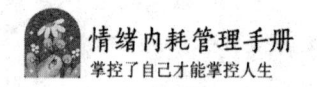

## 生气：别再拿别人的错误来惩罚自己

男："都两天了，你怎么还不理我呀？"
女："谁让你惹我生气了，就是不理你。"
男："我都给你道歉了，两天了也该消消气了。"
女："气大了去了，还没消呢？"

这是一对小情侣，因为一点小事，互相生气呢！

在与人交流的过程中，那些容易生气的人，时常会因为对方无意中的一句话而生气。最后，两个人闹得不欢而散，影响了彼此之间的关系。

爱生气的人，有些自以为是。他们总是认为自己想的、说的、做的都是对的，别人只要跟自己做得不一样、说得不一样、想得不一样，他们就是故意跟自己过不去。这样，他们就会变得爱跟别人争辩。争辩成功了，说服别人了，他们就不生气了。如果他们没有说服别人，就会觉得自己吃亏了，受委屈了，还是会继续生气。

其实，大多数人更愿意跟情绪稳定的人交流，而不愿意跟爱生气的人交流。因为与爱生气的人交流，往往得小心谨慎，说话之前得好好想想自己的话会不会让对方生气。这样就会使交流变成一种负担，这是每个人都不愿意面对的情况。

爱生气的人的情绪是不稳定的，让别人猜不透。当他们无缘无故生气后，不仅影响双方的心情，甚至还会因为太过激动导致双方产生暴力倾向。

自控能力强的人，往往能够压制住自己内心的火气，听取别人的意见和解释，衡量利弊，采取积极的应对策略，不对别人生气。那些非常成功的人，往往待人友善、亲切，不会跟人生气，也因此得到了别人的尊重。

美国著名实业家菲尔德曾率领工程人员准备用海底电缆把欧美两个大陆连接起来。许多人都为他的壮举欢呼雀跃，称他为"两个世界的统一者"。那时，他被称为美国最受尊敬的人。

但就在盛大的接通仪式上，刚刚被接通的电缆传送信号就发生了中断。此时，人们的态度发生了180度大转变，之前的欢呼雀跃声变成了愤怒和狂骂。对于这些，菲尔德只是淡淡一笑，没有作出任何解释，只是继续刻苦地工作着。

终于，经过多年的努力，欧美大陆之桥最终通过海底电缆被架起来了。在庆典会上，菲尔德没有上贵宾台，只是远远地站在人群中观看。

即使是菲尔德受到误解，被别人质疑，甚至是遭到谩骂时，他依旧可以保持平静，不让自己生气，不去向在场的人解释。因为他明白，对于正在气头上的人们是听不进任何话的，更说服不了他们。与其生气地和他们针锋相对，还不如自己受点委屈，让局面处在可控范围内。

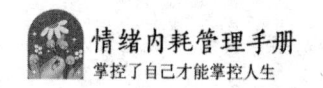

当我们生气时，心情会变得很低落。长期处于情绪低落中会严重伤害我们的身心健康，还会影响我们的工作。

"时间就是生命，时间就是金钱。"浪费时间就等于浪费我们的生命和金钱。当我们因为一件小事而大发雷霆时，会浪费很多时间。我们完全可以利用这些时间去做很多事情，或许就会因此做出一些成绩来。

生活中，我们也会遇到类似的问题。当我们受到别人的质疑、谩骂时，我们能否像菲尔德一样控制住自己的不满，不生气，不去针锋相对呢？这就需要我们拥有强大的心理承受能力。其实，心理承受能力能够通过我们不断地训练获得。在训练我们的心理承受能力时，需要我们提高自控力，面对别人的恶意攻击、得到不公正的待遇、别人的意见与我们的不同时，我们最先要做的就是控制住我们的情绪，不要让其失控。

要想提高我们的心理承受能力，改掉爱生气的坏毛病，我们可以通过以下三个方法来实现。

1. 记笔记

在遇到不公正待遇感到非常气愤时，先要控制住自己的脾气，不要生气。但是，如果你心中还是有气，就要将心中的气先释放出来。记笔记就是一个很好的办法。当我们写完以后，心情自然也就会变得好一些。通过长期坚持，每次都将遇到的令你生气的事情记录在笔记上，慢慢地，你就会变得不那么生气了。

2. 找朋友诉说

当遇到一些事让我们生气时，我们可以找朋友诉说。当我们把自己心中的不满说出来以后，心里就会舒服很多。再加上朋友的开导，我们很快就能释然了。

3. 主动道歉

每个人都会有犯错的时候，当我们犯错却认为自己是对的时，很容易和别人发生争执，生起气来。事后，一旦我们明白是自己错了时，要及时找到对方道歉。当我们感到心中有愧时，我们的自控力就会得到提升，以后再遇到事情的时候就会多思考，不至于动不动就生气。

生气只会让我们更容易情绪失控，伤害自己。当我们改掉这个坏毛病后，我们的生活将会变和谐、快乐且顺遂。

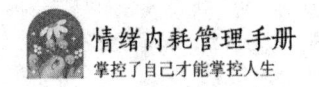

## 自大：清醒地认识自己的实力和处境

有这样一群人，他们总觉得自己的能力特别强，任何事情离开了他们就完成不了，别人只有依赖他们才能获得成功。他们常常夸大自己所发挥的作用，把所有的功劳都往自己的身上揽，这就是自大。

自大的人往往表现得目中无人。在他们眼里，什么人都不如他们，同样他们也不服任何人。在和别人争执的时候，他们总表现出一副盛气凌人的样子。即使是在实力不如别人时，他们也不会承认，更不会示弱。

形成自大的坏习惯，通常有以下几个阶段：第一个阶段，通过自身的努力，取得一定的成果，有一定的能力；第二个阶段，盲目自信，夸大自己的能力，目光狭隘，不懂得"天外有天，人外有人"这个道理；第三个阶段，周围人的奉承。

经过这三个阶段的发展，一个人就形成了自大的坏习惯。人一旦形成自大的坏习惯，就容易变得骄傲起来，做事情也变得浮躁起来，不再用心去做事。结果，因为自己的疏忽大意，把事情搞砸，给自己造成了不可挽回的损失。当自己悔悟的时候，一切都已经来不及了。

那些自控力强的人即使在取得了很大的成就时，也能够控制住自满情绪。他们往往会虚心接受别人的意见，不断地完善自我，不断地朝着更高的方向前进。

著名画家徐悲鸿成名以后，在国内举行过一次画展。当他正在画展上评议作品时，一位乡下老农上前对他说："先生，您这幅画里面的鸭子画错了。您画的是雄麻鸭，雌麻鸭的尾巴哪有这么长的？"

当时，徐悲鸿展出的是《写东坡春江水暖诗意》，这幅画中的麻鸭的尾羽长且卷曲如环。这位老农随后告诉徐悲鸿，雄麻鸭羽毛鲜艳，有一部分尾巴卷曲；雌麻鸭的羽毛是呈现麻褐色的，并且尾巴非常短。

徐悲鸿欣然接受了老农的批评，并对他表达了深深的谢意。

韩愈在《师说》中写道："孔子曰：三人行，则必有我师。是故弟子不必不如师，师不必贤于弟子，闻道有先后，术业有专攻，如是而已。"这句话的意思是：三个人一起走，那一定有我的老师，所以学生不一定不如老师，同样老师也不一定就比学生强，懂得的道理有先后，钻研的领域各有不同，仅此而已。即使是一个人的能力再强，也不可能什么都能做到，要时刻保持谦逊。

孔子被称为"圣人"，韩愈被称为"唐宋八大家"，他们之所以如此谦逊，是因为他们懂得一旦自大，便会自满，停滞不前，不能再以积极的姿态向别人学习，不能让自己提高，甚至会变得愚昧无知。

所以，我们不应该因为自己的一点成就就感到骄傲，进而变得自大。我们要提高自控力，控制住自己的自满情绪，使自己变得谦逊。

我们可以通过以下两个方法来控制我们的自满情绪。

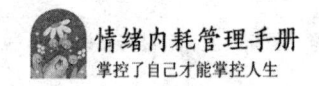

1. 多和优秀的人接触

大多数自大的人，往往会把自己的对比对象放在自己周围这个狭小的范围之内。在这个范围之内，自己是最好的，便开始自大起来。我们要放宽我们的眼界，走出去，多和优秀的人接触，往往能够发现我们的不足，这样我们也就不会再自满了。

2. 给自己多一些挑战

轻轻松松就能把一件事情做好，往往能够助长我们的自满情绪。我们要给自己多制定一些具有挑战性的目标，而在实现这个目标的过程中会遇到困难和挫折。当我们经历过一些挫折和失败之后，自满的情绪就会逐渐消失殆尽，自然也就不会那么自大了。

改掉自大的坏习惯，我们便能更加清醒地认识自己，把握好自己的实力和处境。不断地向前努力，我们的未来将会变得更加光明。

# 冲动：保持清醒理智的头脑

现如今，有很多人容易受到外界的刺激，即使是我们认为很平常的刺激，他们也受不了，容易冲动，做出一些"傻事"。

冲动是行为系统不理智的表现，是人的情感特别强烈、基本不受理性控制的一种心理现象。其具体表现是：容易发火，骂人，砸东西，甚至打人；情绪反应比较简单，自身缺乏一定的幽默感，不会跟别人开玩笑，喜欢通过发脾气、吵架的方式来解决问题；听不进任何人的劝说，冲动起来什么事都能干得出来，事后又会后悔不已。

1. 冲动产生的原因

冲动的产生有以下三个重要原因。

第一，外界环境的强烈刺激。在人与人接触的过程中，难免会产生一些小矛盾、小误会。当遇到这种情况时，那些自控力不强的人就会给别人带来伤害。比如，遭受误解时去辱骂他人，受到侮辱后动手打人等。

第二，长期的怨恨、愤懑郁结在心中。每个人都有自己的一套对

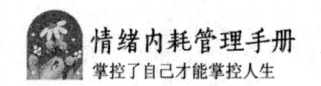

世界的认知理念，而别人如果违背了冲动者的认知理念，并触碰到他们的底线时，心中就会产生怨恨、愤懑。如果这种糟糕的情绪长时间得不到排遣时，只要外界稍微一刺激，就会瞬间爆发出来。比如，领导让员工整天干一些跟工作无关的事情，并且还不时地嘲讽，一段时间以后，他们一定会爆发。

第三，自以为是，容不得一点冒犯。遇到任何对不起他的事情或者不公平的事情都会瞬间生气、爆发，并发起反击。

其实，冲动并非没有办法得到有效控制。自控力强的人在受到外界强烈的刺激之后，依然能够控制自己的情绪，不被情绪所左右。即使心中会有所不满，也会压制住内心的波动，通过各种方法，将其释放出去。他们往往不会自以为是，即使是别人冒犯了自己，也能控制住自己，原谅对方。

那些有着非凡成就的人，大多有超强的自控力，他们能够随时控制住自己的情绪，不让自己冲动，从而做出正确的抉择，完成让人称赞的事情。

公元234年，诸葛亮亲率十万大军发动第六次大规模的北伐战争。这年四月，大军到达了陕西眉县北，营寨安在了渭水南边。司马懿吸取了前一次的教训，采取防守策略，坚守不出。司马懿与诸葛亮在渭水两边进行对峙。

远道而来的蜀军根本经不起长期的消耗，粮草供应已经出现了问题。诸葛亮心急如焚，希望与魏军速战速决。可是，司马懿就是不出来迎战。于是，诸葛亮想出了一个计谋，给司马懿送了一身女装。然而，司马懿收到后并没有生气，反倒是命令自己的手下给他穿上。

诸葛亮始终没能让司马懿出战，此次北伐也只能以失败告终。

试想，如果司马懿在受到诸葛亮的羞辱以后，变得冲动，带兵决战，那就正中了诸葛亮的计谋，战争的胜败也就很难说了。

不冲动能帮我们看清别人的意图。现实中，处处充满了竞争。在和别人竞争的过程中，当你表现得非常冷静时，反而不会给对手留下破绽。此时，对手就会紧张，会想办法刺激你，让你冲动，因为人一冲动就容易犯错。当别人刺激你时，你也能看清对方的意图了。

冲动是相当不明智的，会让我们陷入失败的深渊。我们应该避免冲动，让理智代替冲动。如此，我们在遇到事情时，才能变得冷静，把事情考虑清楚，从而做出正确的决定。

2. 避免冲动的做法

我们要保持清醒的头脑，遇事冷静，不要冲动。这就需要我们做到以下三点。

第一点，学会考虑后果。大多数人容易冲动是因为他们根本不去考虑后果，完全被情绪控制着。所以，我们要提高自控力就要学会思考后果。当我们情绪激动时，想一下如果冲动后结果会是什么样，自己会得到什么、会失去什么。考虑好了，我们也就不会那么任性、冲动了。

第二点，多提升自己的能力。当能力撑不起梦想时，我们就容易冲动，也容易受到外界的刺激。在遇到一些棘手的事情时，如果我们有能力处理，我们也就不会冲动了。

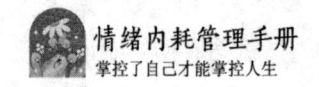

第三点，冲动一次，惩罚自己一次。人的自控力是越锻炼越强。如果我们每冲动一次，就惩罚自己一次，我们的脑海中就会形成一个记忆：冲动就要受到惩罚。次数多了，控制力也就变强了，也就不会那么容易冲动了。

改掉冲动的坏习惯，我们处理事情就会变得得心应手起来。

# 自私：懂得分享，你将会得到更多

生活中，我们时常能见到这样一群人，什么都跟别人争，贪得无厌，是自己的东西要，不是自己的东西也想要。我们把这样一群人称作自私的人。

自私是一种非常普遍的心理现象，它广泛存在于社会之中。自私指的是只顾着自己个人的利益，抛开甚至损害他人、集体、国家等的利益，以满足于他们的私欲。

自私的人最明显的特征就是：以自我为中心、吝啬、敏感、冷酷、无情、多疑等。通常他们的表现体现在以下六个方面。

第一，自私的人往往对别人一点都不关心，只对自己异常关注。

第二，自私的人非常喜欢占小便宜。当获得意外收获时，他们会异常兴奋。在跟别人发生利益纠纷的时候，会为了沾光，锱铢必较，完全不在乎别人的眼光和评价。

第三，在自私的人眼里，根本没有任何感情。他们不会为了感情牺牲自己，因为在他们眼里利益是最重要的。

第四，自私的人大多比较敏感，并且常常对别人持怀疑的态度。

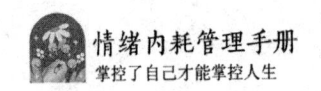

他们总觉得别人都想占自己的便宜，所以会处处设防，步步谨慎，经常以小人之心度君子之腹。

第五，"不吃亏"就是他们生活中的最高哲学。如果吃了一点小亏，他们会想尽一切办法从其他人身上赚回来，哪怕是自己的朋友也在所不辞。

第六，自私的人缺少真正的朋友。朋友在相处的过程中，需要互相帮助、互相奉献，这样才能成为真正的交心朋友。而自私的人，往往不会奉献自己，他们表现得目光短浅，心胸狭隘，并常常嫉妒别人，也会嘲讽别人。所以，他们是很难交到真正的朋友的。

自私的人，总想尽可能地获取到更多的利益。他们看似获得了巨大的利益，其实是在慢慢失去更大的利益。只有懂得暂时舍弃大的利益，才能够在以后的时间里获得更大的利益。

华为公司总裁任正非曾经说："不要自己赚了100块钱，还不愿意给别人10块钱。当你失去一员干将时，你也可能只能赚30块钱了。"当我们把自己的利益最大化以后，就会损害到别人的利益。当别人的利益受到损害以后，反过来也会损害我们的利益。社会中的利益关系是互相连接的，所以我们一定要控制住自己的贪欲，拒绝成为一个自私的人。

正是因为考虑到集体的利益，任正非才决定不上市，把公司的股份分给大部分员工。就是这个原因，华为每一位员工才有更强的奋斗精神，并成就了伟大的华为公司。

远离自私，懂得跟别人分享自己的利益，你将会得到更多，也会因此变得更加快乐。

第七章 更新自我，和坏习惯说再见

# 自卑：自信一点，你不比任何人差

"我看还是算了吧，我不如人家，还是让人家来吧。"有这样一群人，总感觉自己不如别人，做什么事情都不自信，总觉得比不过别人。这种心理被称为自卑心理。

自卑心理是一种非常复杂的情感，它包括不能自助和软弱。阿德勒对自卑感有其独到的解释，并称其为自卑情结。他认为自卑情结有两种相联系的用法：第一，自卑情结是指一个人认为自己或者自己所在的处境跟别人有差别，以不如别人的自卑观念为核心的潜意识欲望、情感所组成的一种复杂心理；第二，自卑情结指一个人由于不能或不愿意进行奋斗而形成的文饰作用。

1. **自卑的人的具体表现**

方面一，特别敏感。内心自卑的人往往会表现出过分敏感，自尊心特别强。他们认为自己是弱势群体，并且希望能够得到别人的关注和重视，害怕被人忽视，过分看重别人对自己的评价，任何关注他们的负面评价都会导致他们的内心产生激烈的冲突，甚至扭曲别人的评价。比如，本来别人是真诚地夸奖他，而他却认为大家是在变相地贬

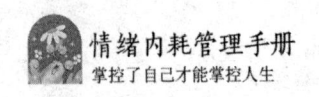

低他。

方面二，心态失衡。在竞争的过程中会产生一些弱势群体，甚至还会遭到其他群体的厌弃，从而完全丧失自我价值体验，导致他们心态出现失衡的状况。

方面三，情绪化。自卑的人表面上逆来顺受，内心却积聚了大量的负能量，随时都可能爆发出来。他们缺少应对的能力，导致无法控制住自己的情绪，最终爆发出来，造成严重的后果。比如，一些员工长期得不到领导的认可，就会选择诸如背后说领导坏话，故意把任务搞砸等。

2. 自卑形成的原因

自卑形成的原因非常复杂，主要有以下四点。

第一，对自我缺乏正确的认识。自卑的人之所以变得越来越自卑，就是因为他们对自己的能力越来越不自信，不能够真正看到自己的优点，只看到自己的缺点，并把它无限放大，结果导致越来越自卑。

第二，家庭原因。每个人家庭条件都不一样，有的人家庭条件优越，而有的人家庭条件则不是那么好，甚至非常差。而经济条件比较差的人往往觉得自己是无依无靠的，凡事只能靠自己，所以他们会感到自卑、无助。

第三，成长经历。每个人在成长的过程中会经历很多事情，经历不同的事情，影响也会不同。如果在成长过程中，受到精神上重大打击，就非常容易形成自卑的心理。

第四，性格特点。每个人的性格不一样，对世界的看法也就不一样。那些忧郁、不善于表达的内向性格的人，遇到问题不善于自我调节，时间一长，就容易变得自卑。

一个人一旦形成了自卑的坏习惯，是很难找回自信的，通常也不能把事情做好。我们要走出自卑，重新认识自我，保持积极的心态，努力向上，这样对于我们以后的发展才有利。

我们要改掉自卑的坏习惯，就要提高我们的自控力，控制好我们的情绪。即使是暂时不如别人，也并不因此觉得低人一等、心情郁闷，而是应情绪高昂地积极奋斗，争取超越别人。

当我们通过自己的努力做到一个又一个目标后，自信心就会逐渐增强。直到我们的自信心足够支撑我们的梦想时，我们就不会再自卑了。

自信起来，我们才能更积极地面对自己的不足和缺点，并积极地让自己变得更强。只有这样，我们才对得起自己。让我们不断地进步，成为更加优秀的人，而不是一直活在自卑中，失去奋斗的激情，永远活在别人的阴影之下。

3. 如何走出自卑

走出自卑，我们可以尝试提高自控力，控制自己不跟别人比较，只跟自己比较。把今天的自己看作对手，通过不断地战胜今天的自己，慢慢地建立起自信。

我们还可以控制自己，让自己忙起来。当我们专心于所做的事情时，心中就不会有杂念，不会想太多别的事情。此时，我们自然也就不会再有自卑的心理了。

自卑并不可怕，可怕的是我们永远也不愿意走出来。只有我们能够提高自控力走出来，以后走的每一步才会是自信的步伐。

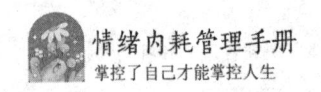

## 浮躁：静下心来做好一件事

如今，很多人渴望自己能迅速成功，一夜暴富，成为有钱人。但他们却耐不住自己的性子，做什么事情都着急，沉不下心来，还没做好一个工作，就开始做另外一个工作，结果什么都做不好，使得心里更加着急，却拿不出任何解决的办法，这就是浮躁心理。

浮躁心理在心理学上被定义为：一种冲动性、情绪性、盲目性相交织的病态社会心理。

### 1. 内心浮躁的人的特点

一是心神不宁。在面对不断变化的外部环境时，既存在着巨大的成功机会，同时又存在着迷茫不知所措。大多数人会渐渐丧失积极性，变得颓废，心神不宁。

二是焦躁不安。想要快速成功，盲目去做一件事后，又担心会不会失败，内心始终处于起起伏伏、躁动不安的状态中。

三是盲目、冒险。在强烈的成功欲望的驱使之下，即使那些胆小的人也会破釜沉舟，盲目去行动。对于他们而言，只要能够快速赚到钱，什么事情都敢尝试。

2. 浮躁背后的原因

原因一，信息技术的快速发展。在信息技术高速发展的今天，网络技术使创业成本变低，并且大大促进了成名速度。当许多人依靠互联网迅速创业成功或者出名，轻轻松松就赚到了钱时，很多人眼红不已，也想借助互联网迅速成名、成功。

原因二，社会中激烈的竞争压力。竞争无处不在，稍不注意，我们就会被别人超越，甚至淘汰。因此，大多数人长期处在压力之中，想尽一切办法要超越别人，甚至不惜抄小道、耍小聪明，最终让自己变得浮躁不已。

原因三，没有营养的快速文化。现如今，人们阅读的时间变得越来越少，只能利用大量的零碎时间去阅读。这就为那些自媒体作者提供了发展的机会。为了迅速赚钱，他们往往盲目地追求热点，而大多数热点都是负面的，导致大量负能量充斥着我们的阅读，让我们最终变得越来越浮躁。

要知道，浮躁会给我们带来许多不利的影响。诸如，它会让我们经常处于恐惧、粗心、急躁之中，严重的还会引发我们的焦虑症，危害我们的身心健康。

然而，很多时候我们摆脱不了浮躁的控制，原因在于我们的自控力太差，不能抵御外界的诱惑，容易受外界的影响和干扰。

3. 改掉浮躁的方法

方法一，阅读诗歌。华兹华斯曾说："诗歌是取自记忆中的安宁之感。"当我们用心去阅读一首优美的诗歌时，我们就会被带入一个美妙的诗歌世界中。在这个世界中，我们能够忘掉很多烦恼，沉浸在作者的世界中。特别是那些有着美妙意境的诗歌，能够让我们久久回

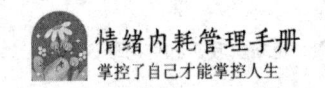

味，放松心情，并静下心来。

方法二，闻一闻花香。2013年，英国的一项研究表明：香气能够帮助人们提升75%的认知记忆。日本的研究发现：草本植物的香气能显著降低皮质醇水平，舒缓压力，让人的内心变得更加平静。我们在办公室或家里放一些花草，都能达到这个效果。

方法三，做一些伸展运动。当我们感觉到浑身疲惫、内心烦躁时，可以起身舒展一下胳膊，扭动一下身体，抬一抬腿，耸耸肩等，就能很好地缓解我们的压力和心情，使自己平静下来。

处于浮躁的社会中，我们要保持一颗沉静的心。拒绝浮躁，安心做自己的事情。

# 找借口：多找方法，你的能力自然会提高

早上上班迟到了，找借口说路上堵车了，实际上是早上多睡了一会儿；工作没做好，找借口说自己没状态，实际上是偷懒不想做；晚上回家晚了，找借口说加班，实际上是跟朋友在一块儿喝酒。这些场景每天都会发生。

就是这样一群人，无论做错了什么事情，总能找到各种借口去说服别人。这其中不乏有一些经不起推敲的借口，甚至这些借口连他们自己都不相信，却依然能够说出口。

这些人一般都有这样的特点：管不住自己、做事爱出错、害怕承认错误、能力低下等。"承诺一致原理"是心理学上的一个专业术语，说的是当你做出一个决定和表态时，你后面的言行会不自觉地跟你的决定和表态表现一致。

心理学家曾经做过这样一个实验：研究者随便找到一个人，在他身边铺上沙滩浴巾后离开，让助理躺在沙滩浴巾上听收音机音乐，过一段时间离开。当助理离开以后，研究人员装成小偷，把收音机拿走。"偷窃"事件上演了20次，旁观者出手阻止的次数却只有4次。

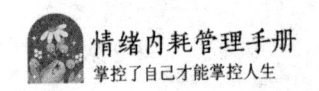

随后，研究者让助理离开之前，请求周围的人帮忙看着他的东西，当得到肯定的答复后再离开。研究者再次重复"偷窃"行为20次，结果被阻止了19次。

承诺一致原理是人类的一种机械反应，在社会中被称为"言行一致"。而我们之所以找借口也是因为总希望得到别人的认可，不希望因为自己而违背了对别人的承诺。

当我们因为自己的原因，无法完成对别人的承诺时，往往不愿意承认自己的失败，控制不住自己内心的失落感，总想找到一些外因来摆脱自己失落感，让自己觉得这不是自己的错，从而摆脱内心的自责。

我们不断地为自己找借口的时候，也就慢慢失去了面对问题的勇气，变得不愿意面对当前所遇到的问题，更不愿意去解决。让我们变得越来越脆弱，越经不起考验后，我们再做任何事，都很难做好。

美国著名作家泰勒在《没有借口》说中说："你若不想做，会找到一个借口；你若想做，就会找到一个方法。"

所以，我们要改掉找借口的坏习惯，控制好自己的失落感。当我们没有完成自己对别人的承诺时，不要因为内疚而失落，而应该积极面对问题，大胆承认自己的过错，正视自我，并迅速调整自己，战胜失败，重新把事做。这样做既挽回了面子，又赢得了别人的尊重。

洛克菲勒曾说："我鄙视那些善找借口的人，因为那是懦弱者的行为；我也同情那些善找借口的人，因为借口是制造失败的病源。"

"没有任何借口"是西点军校200年来奉行的最重要的行为准则。每一位新生都会被传授这样一个理念。它强调每一位学生应想尽一切办法完成一项任务，而不是为自己找借口，哪怕是合理的借口也是不行的。所以，西点军校出了很多著名的军事家。

改掉找借口的坏习惯，我们就不会再为我们的不努力找借口，而是想尽办法去努力解决问题。当我们把众多难题都解决了，自然也会变得更优秀了。

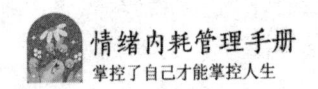

## 依赖：靠谁都不如靠自己

我们周围会有这样一群人，他们总是离不开别人，一旦，别人离开或者别人不再帮助他们，他们就会变得六神无主，不知道自己应该怎样做，做什么都很难做成。这些人其实就是养成了依赖的习惯。

形成依赖习惯的人会有这样的表现：不能独立思考、害怕独自去做一件事、经常犹豫不决、对自我否定等。

依赖分为两类：主观依赖和客观依赖。

主观依赖是指个人的价值完全依赖于他人的肯定，那么自己做的任何事情都会感觉到没有任何价值。只有自己做的事得到了他人的肯定，自己的价值才能体现出来。

客观依赖主要是对于物质的依赖，这些物质包括：美食、金钱、汽车等。

主观依赖的同时，客观依赖也一定存在；同样，客观依赖也会促进主观依赖。两者并没有太明显的界限。

依赖的形成主要受外在因素和内在因素两个方面的影响。外在因素的影响包括家庭环境、工作环境等。在家中，很多独生子女都被父母当宝贝一样看待，他们无论提出什么样的要求，父母都会尽自己最大的努力予以满足。这是由于父母的宠爱，甚至是溺爱导致很多人形成了对父母的依赖，什么事情都离不开父母。

在工作中，由于上司的独断专行，丝毫不给个人发挥的余地；小组成员中，有能力非常强的同事，往往能够带领团队把事做好。在这两种情况之下，我们就非常容易形成对能力更强的人的一种依赖，并且是长期性的。

内在因素主要是指一个人的性格因素。那些性格比较懦弱、不愿意出风头、害怕承担责任的人，往往不愿意承担独自做一件事的风险，就会形成对集体的依赖，别人让他们做什么就做什么。

爱迪生说："坐在舒适软垫上的人容易睡去。"当一个人过于依赖就会在自己周围形成一个特定的生活环境，这种环境会使我们缺乏安全感。而缺乏安全感，又会让我们对自己的能力不自信，不敢放开手去做，做什么事都缩手缩脚，最终难成大事。

所以，我们要改掉依赖的坏习惯，走向独立。把我们的自信心重新找回来，依靠自己的力量来做事。

在生活和工作中独立，对别人不依赖，能够让一个人锻炼出坚韧不拔的性格。依赖别人，我们就不用考虑自己应该承担什么责任。遇到任何事情都不用去操心，因为有人会替你去做。而不依赖别人，所有的事情都需要自己来处理，无论是遇到困难，还是挫折。当你做到了这些，你的性格也会变得坚韧不拔。

独立不依赖，还能帮助我们建立起自尊。每个人都有自己的自尊，一个没有自尊的人往往不被他人尊重。一个不独立的人，在别人

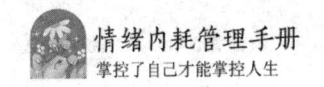

的眼里就是一个没有自尊的人，同样也是一个不被尊重的人。只有摆脱依赖，成为一个真正独立的人，无论你成功与否都能得到别人的尊重。

想要摆脱依赖，我们要提高自控力，消除自身的惰性。大多数人依靠别人都是因为自己不愿意付出，怕吃苦，为自己的不努力找理由。所以，要摆脱依赖，就要消除自身的惰性，凡事自己先做，亲自去做，遇到了问题可以请教别人，但一定要独立把事情做完、做成。

当然，摆脱依赖不是一蹴而就的。依赖形成以后，要改掉需要一个过程，要一步一步来。我们可以从小事做起，从一件非常容易完成的事情开始，比如完成当天的工作量。通过不断地完成一件件小事，并不断地挑战自己的能力，我们的自信心才慢慢会建立起来。当我们有了一定的自信心后，也就变得不那么依赖别人了。

改掉依赖的坏习惯，独立做事，我们的能力才能慢慢得到提高。只有自我强大了，我们对未来才会有信心，才能让生活变得越来越好。

## 第八章
# 不攀比不嫉妒，找到真正的自己

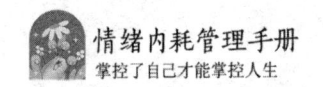

## 多看自己拥有的，知足能治愈攀比和嫉妒

在网上看到这样一段话："宇宙中有一条通用法则，你关注什么，就在放大什么；你抗拒什么，就在持续什么；你接纳什么，就在转化什么；你给出什么，就在得到什么；你放下什么，就在拥有什么。"欲壑难填在某种程度上造成了人的攀比心、嫉妒心。

多关注自己所拥有的，尽力放大自己的幸福，就能让那些阴暗的想法消融于无形。想要让纷乱的心安静下来，就是这么简单，关键看你能否学会知足。

明朝金溪人胡九韶家境贫困，为了能够养家糊口，他一边拿微薄的报酬在村里教书，一边努力耕作。尽管如此，家里的处境并没有太大的改变。

妻子眼见邻居们的生活蒸蒸日上，不由得眼红不已。她每日抱怨个不停，胡九韶却一笑了之。每到黄昏时分，胡九韶都要来到门口焚香，朝天恭拜，口中念念有词："感谢上天又赐予我一天清福。"妻子气极反笑："我们一日三餐都食菜粥，何来清福？"

胡九韶缓缓说道："你我生在太平盛世，并无战争兵祸，此为一福。我们全家人有饭吃有衣穿有房住，不至于流落街头，此为一福。况且，我们家既没有病人也没有囚犯，这是多么幸运的事啊。这三种福气加起来，可不就是清福吗？"

你在朋友圈里晒幸福，我却一点都不嫉妒，因为我知道你比别人付出更多努力才能拥有了今天的风光与荣耀；你四处游山玩水，潇洒极了，我却一点都不嫉妒，因为我知道每个人都拥有自己的生活方式及人生轨迹。付出和收获，永远是成正比的。你对你拥有的一切心怀感恩，如果不满足于目前的状态，努力就好了，没必要嫉妒别人。

知足，是一种生存智慧。纵使广厦万千，你夜眠之地不过七尺；哪怕山珍海味，饱腹却只需三餐。而欲望，却是一个望不到底的深渊，它往往与嫉妒紧密相连。它让你深陷于情绪的旋涡里无法自拔，更让你沉醉在贪婪的喜悦中，一不留神便万劫不复。

曾经有人问李嘉诚："您认为一生之中，最快乐的赚钱方式是什么？"李嘉诚笑着回答说："开一家临街小店，忙碌终日，日落打烊时，紧闭店门，在昏暗的灯光下与老伴一张一张数钞票。"过滤掉多余的欲望，抱着简单的心态行走天下，最终你收获的反而比期望的多。

有一句话叫作："人比人，气死人。"无论你怎样努力，哪怕是用尽力气，也无法满足你内心无限膨胀的私欲。当你败给攀比心时，就注定要饱尝苦楚，受尽煎熬。

俞敏洪曾在演讲中提到，年轻人不要与他人盲目攀比，应该努力让自己获得真正的成长。他说自己在北大上学的那五年过得无比痛苦，只因他永远在看别人的目光，永远在与他人攀比。刚进北大时，

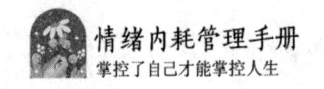

他还有点骄傲，因为他的英语分接近满分，被老师分到A班去学习。但不到一个月的时间，他就被调到了C班，因为他的英语发音、语调及听力都不过关。

俞敏洪当时想，若读书读不过别人，他就一定要在别的方面超过别人，比如踢足球、打篮球等。可是，努力了一段时间后，他失望地发现，自己毫无体育天赋。

上大二时，他的学习成绩降到全班倒数第五名。到了大三，他的心情越来越郁闷，因为他几乎每时每刻都在跟周围的同学比较，越比越觉得自己不行。正在这一时期，他突然生了一场病。事后，俞敏洪说，是这场病救了他，因为他"一下子跟同学拉远了距离"。他突然感受到一种心胸开阔的感觉，并意识到和别人攀比根本没必要。

他盘算着自己所拥有的一切，放平心态，放缓脚步，将每一步都走得沉稳有力。后来，俞洪敏做出了一番成就，与当初那些让他可望而不可即的优秀同学们相比毫不逊色。

古罗马的伊壁鸠鲁说："谁不知足，谁就不会幸福，即使他是世界的主宰也不例外。"如果你正饱受攀比和嫉妒的折磨，不妨像俞敏洪一样，暂时停下脚步，放缓节奏，将注意力放在身边那些美好的事情上。首先，给自己放一场假，多花点时间去陪伴亲人、爱人，与三五知己亲切谈心。当你将紧绷的情绪松弛下来，你慢慢会体会到知足的快乐。

其次，学会感恩。不要太在意自己缺少什么，多想想身边那些真正关心你、爱护你、愿意为你尽心尽力付出的人，再回过头来想想，你又为他们做了些什么。想要克服嫉妒心，就去专注于那些带给你幸福、让你感到充实的人。怀着感恩的心去面对当下的生活。

林肯在竞争总统时的演讲中，饱含深情地说道："我的妻子女儿、满壁的书柜和幸福的家庭就是我最大的财富！"他真挚的情感打动了美国民众。有一个说法叫"圆满自足"，意思是说，人要摒弃贪欲和嫉妒心，充分地活在快乐的满足中。处处与别人比只会让你活得越来越累，还不如用知足这味良药去根除攀比的心理。

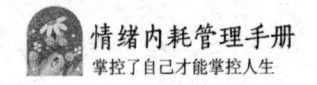

## 目标高一些，看得更远，就不会去攀比

孔子说："取其上者得其中，取其中者得其下，取其下者则无所得矣。"鲸鱼不会与虾米比谁游得更快，它的目标是深海；雄鹰不会与麻雀比谁飞得更高，它的目标是蓝天。如果我们能站得更高，看得更远，就不屑于去攀比，不屑于活得斤斤计较。

国产剧《正阳门下》有这样一个情节：韩春明和程建军从小一起长大，他们之间一直在明争暗斗。韩春明和程建军作为下乡知青返城后，一直没有正式工作。后来，两人都备战高考。谁知，程建军顺利考上了大学，韩春明却不幸落榜。看着程建军春风得意的样子，韩春明的内心很受伤。

但他并没有沉湎在失落的情绪中，反而很快振作了起来。后来，韩春明遇到了大收藏家九门提督和破烂侯，做人的心胸和眼界瞬间变得开阔了起来。他突然间明白了，一时的成败并不代表什么，这个世界上还有很多值得自己追求的事情。他迷上了收藏，立志要在收藏界闯下一片天地。

自此以后，韩春明再无心思去和程建军攀比。经过数十年的耕耘，他果然创下了不菲的财富，还成功创建了一家属于自己的私人博物馆。

你的眼睛若只盯着身边人，恐怕终其一生都无法跳出这个压抑、逼仄的小圈子。

唯有将目标定得高一些，才能摆脱身边的一切，进入一个更广阔的天地。有人说："目标是奋斗的方向，是前进的灯塔。"想要获得成功，先明确你的目标。而在设立目标的时候，最好将眼光放得高一点、长一点，你要知道心有多大，舞台就有多大。只有更高的目标，才能激发你万分的决心，才能成就不俗的人生。如果你甘于平庸，凡事只比身边人顺利一点点便沾沾自喜，得意扬扬，人生便只会裹足不前，甚至每况愈下。

拿毕业后的第一份工作来说，很多年轻人会攀比第一份工作的薪水，谁比谁高了几百块便欣喜不已，仿佛创下了多大的功绩。实际上，三五年后，差距才会真正显露出来。

挖空心思同身边人攀比，你最好的结果也不过是活成自己小圈子里最优秀的人。外面的世界有多广阔，有多精彩，你根本无法想象，更接触不到。

很多人为了能够跳出原先的阶层和圈子，将人生的目标设置成"星辰大海"。一旦意识到自己永远也抵达不了梦想中的远方时，他们也不会沮丧，而是迅速调整目标，设置比原先预定的目标小一点的目标。就在这一点点调低目标的过程中，他们获得了此生最大的成就。

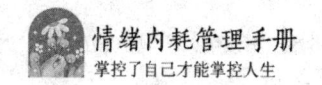

《你的生命有什么可能》里有这样一句话："与别人相比是没有意义的,那是一种永无宁日、绝无胜算的自我折磨。"与其如此,倒不如拉长目光,立下一个高远、宏大的心愿,意气风发地朝着它进发。就算你穷尽一生也无法实现它,却也能获得比现在高得多的成就。

## 拥有足够的自信，就会不屑于攀比

真正自信的人，对于自己的生活总怀着一种满足、感恩的状态。他们可能会羡慕别人，却从不屑于嫉妒别人。只因他们知道每个人都活在自己独一无二的世界里，攀比不仅毫无意义，而且具有极大的破坏性，它会将人带入一种混乱无序的状态中。

只是，在如今的社会中，似乎越来越多的人失去了自信。2019年7月，"当代人缺乏自信时的表现"这一话题吸引了大批网友的眼球，瞬间被顶上热搜。网友们谈起以下这些心境时，大呼"深有同感""太真实了""膝盖中招"：经常把不好意思挂在嘴边；容易被周围人的意见左右；爱拿自己和其他人比较；害怕被人讨厌；对自己的要求很高；不喜欢麻烦别人；常常感到不安；优柔寡断；责任感过分强烈；对他人的评价过分在意；想得多，做得少；不擅长打电话……

过分争强好胜，过分在意别人的评价，导致我们做什么都不自信。因为太害怕遭遇负面评价，害怕承受失败的结局，所以干脆选择逃避。

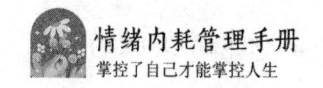

知乎上有一个问题:"一个人从自信变为彻底自卑有多恐怖?"一位网友回答说,以前他是一个很爱出风头的人,所以别人都不相信他是一个很不自信的人。而不自信的表现之一是,在成长过程中,他事事都要与别人攀比,赢了就得意忘形,输了就痛恨不已。结果长大后的他变得畏畏缩缩,如今连逆着人群走路的勇气都没有了。

成功学大师拿破仑·希尔曾说:"自信,是人类运用和驾驭宇宙无穷大智的唯一管道,是所有'奇迹'的根基,是所有科学法则无法分析的玄妙神迹的发源地。"自信,是一个人最美的气质。你要相信,金钱无法让你过上所谓的完美生活。见过太多人在金钱的欲望中沉沦,即使坐拥财富,举手投足间仍然露怯。而自信,却能让一个人找到自我,过上真正想要的生活。自信,让他们焕发了新生。

在电视剧《我的前半生》中,罗子君一开始是一个富太太,那时的她仿佛生活在蜜罐里,整天与人攀比。为了满足自己的虚荣心,她眼也不眨地买下了8万元一双的鞋子。尽管生活富足,她内心却是极度不自信的,整日对丈夫陈俊生严防死守,生怕他被年轻的女孩抢走。

当罗子君与丈夫离婚后,为了养活自己和儿子,她不得不去鞋店当导购员。自食其力后的她反倒变得自信起来。剧中有一幕尤其让人印象深刻:前夫带着小三去罗子君工作的店里买鞋子,罗子君大方得体地做着自己的分内工作,她所表现出的强大的心理素质让观众惊叹不已。

这时的罗子君,早已不屑于攀比了。正因她内心拥有足够的自信,才能以平稳、淡然的心态面对一切。这样的她,全身散发着迷人的光芒。

那么，我们如何做才能变得自信呢？应先从外在形象入手，走路时挺直腰板，昂首挺胸，说话时正视他人的眼睛，保持不高不低的音量，多使用肯定的语气，这会在无形中增强你的自信。

当然，真正的自信是由内到外的。想要加强你灵魂的韧性，就要多多看书，想尽一切办法增长见识。同时，放宽幸福的标准，认识到并不只有金钱、物质才值得追求。认识到人的性格是多种多样的，人的生活方式也是迥然不同的，并不是某一种人生才值得羡慕。自信的人会中肯地认可自己的能力，失败了就总结经验重新出发，成功了就自如地享受喜悦，之后继续努力。他们不嫉妒、不攀比，更不会以别人的不幸衬托自己的幸运。

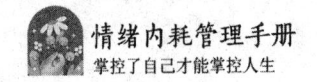

## 幸福经不起比较，别在比来比去中伤害自己

现代人就像是患上了攀比症一样，不论何时何地何事，总会不自觉地跟他人攀比一番。找了个优秀的男朋友，立马在朋友圈里秀起了恩爱；换了个新房子，要以最快的速度让同事、朋友知道；就连买个新款包包，都要特意在别人面前卖弄一番。而一旦别人在某些方面比自己出众，他们心里就跟打翻了"醋瓶"一样，酸意十足……

有心理医生总结说，现代人爱攀比，是一种"孔雀心理"的投射。在日常生活中，我们与人相处的时候一旦抱着"孔雀"心态，时时与人攀比，事事强出头，就会搅乱自己的生活节奏，让自己活得越来越累，而"孔雀"心态来源于你内心深处根深蒂固的不安全感。

在网上看到这样一段话："幸福有没有标准？我认为，现实生活离不开比较。但是幸福的比拼，本身就是比较荒诞的事情。幸福耐不住人家打扰，经不起科学研究，当幸福成为指数、成为概念、成为一堆标准时，也就变得遥不可及了。"从某种意义上说，幸福只是一种感觉，与心境与心态息息相关。当你与别人较劲的时候，你追求的并不是属于自己的幸福，而是要比别人幸福。

当你习惯了拿自己的幸运及不幸去和别人比较，稍微胜出一点便得意忘形，落于下风便无限懊恼时，你的欲望只会越来越难以被满足。慢慢地，浓重的乌云遮住了幸福的光芒，你变得越来越偏激、愤懑，似乎生活中只剩下无穷无尽的不如意。

但丁说："骄傲、嫉妒、贪婪是三个火星，它们使人心爆炸。"你过得不幸福，是因为你千方百计地要和别人攀比幸福。而最高级的幸福，其实就是不比较、不计较，珍惜自己所拥有的，努力去追求自己真正想要的，并从容地享受人生旅途中的风景。

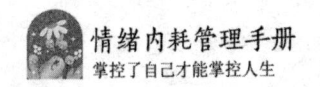

## 多和自己比，没有必要嫉妒别人

知乎上有一个问题："如何才能做到不和别人比较？"一位网友说："我会英语、法语，读了一些书，会下棋，会吹笛子，这些我外婆都不会，看上去我比她厉害。但她会摊面饼、做鸡窝、种葡萄、编藤椅，这些我一样都不会。那么，我和我外婆比较起来，谁更厉害呢？"他解释说，人各有甘苦、各有所长，每个人都拥有对于别人而言很珍贵、很值得嫉妒的优点，既然如此，还不如做好自己。

人生中最难越过的一道门槛，是我们自己。一味地嫉妒别人的成就或拿别人的标准来折磨自己，只会让你慢慢失去自信，最后在负面的情绪中迷失自我。

实际上，每个人都拥有属于自己的人生轨迹，与其嫉妒别人，不如充实自己；与其和别人攀比，不如多和自己较劲。正如林语堂所言："有勇气做真正的自己，单独屹立，不要想做别人。"

其实，人这一生中最大的竞争对手是自己。我们最好及最合适的比较对象，是昨天的自己。

将目光转移到自己身上，多和自己比，只要你用心努力，时间会给你想要的一切。非洲的长跑冠军哈利默不是专业的运动员，也没有专业的教练和基地，父亲就是他的教练。两人一直过着清贫寒苦的生活。在长达八年的时间，两个人的生活只围绕着跑步这一件事。

但哈利默从来不嫉妒别的运动员所拥有的优越条件。八年来，他只专注于自己。最后，他的长跑速度有了惊人的进步，先后拿下了非洲长跑冠军和世锦赛的冠军。在领奖台上，别人问他成功的秘诀。哈利默说："这些年，我和父亲从来没有谈论过别人的生活，更不会羡慕别人的优越生活。我只不过是做好自己，一心一意地追求着自己的梦想罢了。"

我们要学会打造自己的"擂台"，下决心与昨天的自己一较高下，这样才能真正取得进步。若总是与他人比较，反而会乱了自己的脚步。在这场特殊的"擂台"上，想要赢过自己，是需要技巧的。具体可参考以下两点建议。

1. 利用复利效应，每天进步一点点

心理学家告诉我们，每天进步一点点，将复利效应发挥到极致，就能超越自我，拥有更精彩、更充实的人生。千万不要小看复利效应。每天坚持去做一件或几件小事，只要能持续一段时间，你绝对能创造出很多不可思议的成果。想要变成一个跑步达人，从每天跑一公里开始，坚持下去，你一口气跑10公里也不在话下了；想要博览群书，变得无所不知，从每晚读一页书开始，坚持下去，你肚子里的"存货"就越来越多了；想要养成早起的习惯，先从早起5分钟开始，坚持下去，你早起半小时也不费力了。我们要相信时间的复利效应，放弃急功近利的心态，每天都比昨天进步一点点就好。朝着梦想中的目的地一步一步走下去，发扬拼搏的精神，坚持不懈，时间会给

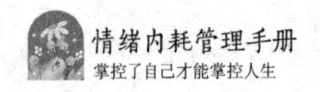

你回报。

2. 每每陷入嫉妒情绪的旋涡时，及时问自己的目标是什么

如果你目前最迫切的愿望是升职加薪，那么你只需将所有的时间和精力用来提升工作技能就好了，无须做到面面俱到，凡事都比别人优秀。将现阶段你最想要完成的事情放在第一位，而不要将注意力放在"比别人优秀"上，慢慢地，你就会放下攀比心。成功哪有什么秘诀，无非努力过好自己的生活。海明威说："优于别人并不高贵，真正的高贵是优于过去的自己。"所以，你无须和别人比，而应该多和昨天的自己比。

## 换个思路，向你的嫉妒对象学习

人天生就有嫉妒心，所以，我们不妨换个思路，努力挖掘那些被嫉妒的人身上的优点，然后努力去靠近、去学习，努力让自己变成自己想要的样子。

当我们见过了优秀的人，便很难再忍受自己的平庸。与其嫉妒那些优秀的人，不如将他们视为学习对象，时刻督促自己向优秀的人看齐。如果你嫉妒别人身材好，就去"复制"对方的饮食习惯，学习对方的健身方法；如果你嫉妒别人情商高，就去观察对方在社交场合中的一举一动，默默汲取经验；如果你嫉妒别人专业技能远超过自己，不妨放低姿态拜对方为师，虚心向对方请教……

成功不是看几篇励志文章、听几节课就能实现的，想要改变人生就一定要向优秀的人学习。俞敏洪也曾坦诚道："我并不是一个聪明的人，从小学到大学几乎没有得过第一名。也许是天资愚笨，我总是羡慕那些比我优秀的人，追随在他们后面，还热心地为他们做事。我的优点是从来不嫉妒比我优秀的人，我总是努力去模仿他们，把他们当作学习的榜样。正是这一优点，成就了今天的我。"从进入北大开

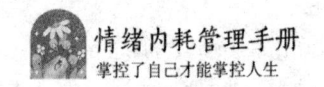

始，俞敏洪将身边很多优秀同学视为自己学习的榜样，哪些地方不如别人，就集中精力攻克这些薄弱项。大学毕业后，很多北大老师也成为他学习的榜样。

自创立新东方后，他更是孜孜不倦地向新东方的各种人才去学习，无论对方年轻与否，只要能从他们身上汲取经验提升自己，俞敏洪就很开心。

不去经营自己，却将有限的时间与精力用来嫉妒别人，无疑是这世上最得不偿失的事。那些陷入嫉妒情绪中的人大多活得盲目而自卑，对自身的力量一无所知。

而以嫉妒为动力，能够主动低头向别人学习的人却很自信。他们相信自己的能力，相信只要掌握方法，并耐心地去耕耘，他们一定不会做得比别人差。卡耐基的那句话成了他们的座右铭："你内在的力量是独一无二的，只有你自己知道你能做什么。"

需要注意的是，向他人学习的时候，请务必采取正确的方法，将力用到点上。比如，尽力克服自己的心理障碍。放下妒嫉心，放平心态，认清这并不是一件丢人的事。告诉自己，这是一种大智慧，应引以为荣。

有的人因为自卑而迟迟不敢行动。他们老是在打退堂鼓："人家不一定愿意教我，毕竟我这么笨。""他会不会觉得跟我说话是在浪费时间？"……其实，只要你的态度足够真诚，那些层次高的人是很乐意带你一起进步的。

另外，我们可以从正反两个方面向别人学习。所谓"尺有所短，寸有所长"，再厉害的人也有其不足之处。客观评价对方的"好"与"坏"，"择其善者而从之，其不善者而改之"，这就是所谓的批判性学习。认真研究别人的长处，以此补足自己的短处，从而逐步完善自己。

向那些优秀的人请教之前，你最好带着问题去，而不要漫无目的地提问。当然，你最好能事先整理好思路，列好问题提纲。在沟通的过程中，遇到值得思索的点时，你要及时记下来。结束谈话后，你要安排出时间来整理笔记，便于日后翻看。同时，你还要回味、思索对方传授给你的知识与经验。

古人云："夫以铜为镜，可以正衣冠；以古为镜，可以知兴替；以人为镜，可以明得失。"那些你无比嫉妒的人，正是你最好的学习榜样。努力去突破自己的心理障碍，多去学习别人的优点，直到你能变得像对方一样优秀。

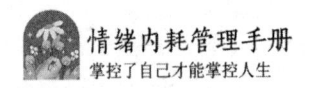

## 千万不要为了抬高自己而贬低别人

生活中,这样的言论比比皆是:"她虽然长得还不错,但连普通话都说不顺溜,还想当主持人?""别看他现在当了老板了,以前特别穷!""就他还想创业?真让人笑掉大牙。"总有那么一群人,在强烈的嫉妒心理的支配下肆无忌惮地揭别人的短或拼命抬高自己贬低他人,那种优越感爆棚的样子完全暴露出他们自身的狭隘与无知,实在令人反感。

心理学家曾提出这样的观点:低自尊的人习惯于去贬低别人以抬高自己,这是因为只有自卑的人才需要强烈的自尊心来支撑自己的尊严。正因他们无法发自内心地接纳自己、肯定自己,才会选择用挖苦、打压别人的方式来凸显尊严。

若习惯了这一模式,他们便始终处于一种自卑的状态中,甚至终生被嫉妒情绪死死缠绕、不得解脱。在社交场合中,贬损他人者难免会遭受到各种非议,包括"心理偏激""人格低下"在内的诸多负面评价,这会使得他们的人生之路越行越艰难。

习惯性地去贬低他人,更多时候是出于一种虚荣心、攀比心。看到别人过得好了，不愿意给予祝福，偏偏要戳人家的痛处，拼命踩低别人以满足自己的虚荣心；看到别人从高处掉落下来，不愿意及时给予帮助，反而落井下石、幸灾乐祸。

这是一种极度扭曲的心态，虚荣心强的人不愿意与那些真正优秀的人站在同一起跑线上去一较高下，却企图通过虚张声势、贬损他人的方式来制造"意外"和假象，让对手无法同自己一同起跑，从而获得一种"凌驾于他人之上"的优越感和满足感。

这样的人流于浅薄，对别人的长处愤愤不平，却盯着别人的短处讥讽嘲笑，同时自吹自擂、得意扬扬，自以为高人一等，实则鼠目寸光、肤浅狭隘。

要知道真正有涵养的人，都会将"尊重"二字切实落实到自己的一言一行中，任何时候他们都会将谈话的双方放在平等的位置上，从不妄自菲薄，也不妄自尊大。尤其是在自己春风得意之时，他们更会保持一颗谦卑之心，去应对他人的夸赞和世俗羡慕的眼光。

拿奥斯卡传奇影后英格丽·褒曼来说，她曾因为《东方快车谋杀案》中的精湛演技荣获当年的最佳女配角奖。领奖之时，只见身着华丽礼服的她缓缓走上舞台。

在现场观众、嘉宾的殷切目光中，英格丽·褒曼真挚地谈起与她一同角逐最佳女配角奖的弗伦汀娜·克蒂斯。她丝毫不提自己的表现，反而大力称赞对方的精彩表演，并坦诚地表示与自己相比，弗伦汀娜·克蒂斯更值得拥有这份荣誉。

英格丽·褒曼无比真诚地说道："原谅我，弗伦汀娜，我原本并没有打算获奖。"弗伦汀娜·克蒂斯见英格丽·褒曼如此谦虚，不由得感动异常："你能获奖证明你有这个实力，更让人感动的是你的态

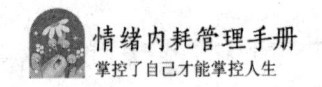

度。我没有输，因为我有你这个朋友。"

作家村上春树曾说："自以为是对我来说，是最可怕的东西。"那些喜欢凌驾于别人的痛苦之上，并以此来满足自身虚荣心的人，在给别人带来无法弥补的伤害的同时，也堵死了自己的社交之路，打碎了自己的人生格局。步步紧逼、锋芒毕露并不能彰显你的强大，在生活中保持一颗谦逊的心，学会尊重他人，才能赢得他人的好感与尊重。

以谦逊之心待人，是一种修养，那些真正优秀的人从不缺乏应有的修养。任由虚荣心作祟，拼命挖苦对方或造谣生事，却是在"搬起石头砸自己的脚"。记住，只有学会尊重别人，才能得到相同的尊重。

## 不必羡慕标配的人生，用自己的标准定义成功

看过一则广告，那一句句掷地有声的台词令人难忘："你不必有什么户口，也不必强求别人要有什么户口。即使生存不易，也不必让爸妈去相亲角被别人盘问出身。你不必买大房子，不必在月薪一万的时候就贷款300万。30年后，当孩子问起那些年你有什么故事，你不能只有贷款。你不必去知名的大公司追求梦想，你想逃离的种种，在那里同样会有。你不必去大城市，不必逃离北上广，不必用别人的一篇'10万+'来决定自己的一辈子……"

很多时候，我们都是为了生存而生存，按照世俗眼里的成功标准来定义自己的人生。一边羡慕着别人光鲜亮丽的生活，一边悲哀于自己的狼狈落魄。就在日复一日地嗟叹中，我们的心态变得越来越不平衡，各种悲观、偏激、阴暗的想法层出不穷。被嫉妒这头丑陋"怪兽"绑架的我们，早已失去了当初的热血，反而变得蝇营狗苟、戾气十足。

中国青年报社会调查中心联合问卷网以1 997名受访者为研究对象，进行了一次深入调查。结果显示，**56.7%**的受访者正在追求一种

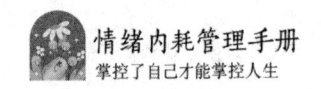

"标配人生"，58.1%的受访者认为"标配人生"的目标更清晰，61.2%的受访者则认为自己已经初步过上了"标配人生"。

何为"标配人生"？一些网友给出了这样的答案：毕业于重点大学，拥有一份体面稳定的工作，有车有房，在合适的时候结婚生子……在很多人看来，这些都是成功的必备因素。唯有过上"标配人生"，一切努力才有意义，否则都是空谈。

在这种社会氛围中，很多年轻人一边对"标配人生"向往不已，一边又对实现了"标配人生"的同龄人嫉妒不已，内心焦虑不堪，总认为自己是人生输家。可是，人生如何过或者说所谓成功的标准，真的有标准答案吗？很多时候，你以为你所追求的"标配人生"是发自内心想要的？当你真正想开了时才会明白，这其实都是攀比心在作祟。

29岁生日来临之前，沈佳妮听到了一个"噩耗"：她最好的朋友即将步入婚姻殿堂。翻阅着朋友那些精美的婚纱照，她心里又酸又妒，痛苦极了。这件事引发了她内心深处的焦虑，令她彻夜难眠。近几年来，眼见着身边的朋友升职的升职，结婚的结婚，"秀娃"的"秀娃"，只有自己还在原地踏步，她越来越觉得自己失败，走的路根本不是女人的"标配"。

可过了30岁后，佳妮的心反而淡定了下来。看的书越多，见过的风景越多，她越来越明白，人生不是一场赌博，更不是一场攀比大会，何必要羡慕别人？她虽然没有过上世俗眼光里的"标配人生"，但她的生活美好而充实。

所谓的"标配"，或许本身就是一个悖论。首先，每个人的起点不同，如果一个小城镇出生的年轻人非要与那些富二代攀比"人生配件",房子、车子、工作机遇、子女的教育条件等,得不到就嫉妒、怨恨,只会将自己弄得疲惫不堪。

更何况,人们对工作体面、家庭幸福、有房有车等"标配人生"的指标各有各的认识。拿工作来说,有的人认为当公务员,在体制内安稳到老很体面;有的人却认为在外企工作,社交广泛,接触的都是职场精英才算得上光鲜体面。

每个人的标准不同,认识也不同。有的人觉得自己的人生不过是"标配",殊不知在别人眼里已经达到了"顶配"。既然如此,不如脚踏实地,按照自己的能力去"配置"生活,而不是用不切实际的幻想去麻痹自己,在盲目攀比中迷失自我。有学者提出这样的观点:不如用自律、坚持等品质来代替房子、车子等,当成人生的重要"标配"。想要实现什么梦想,就从这一刻开始出发,保持行动力,持之以恒。

是啊,何必用别人的眼光来定义你自己的人生。谁说成功只有一种模式?谁说背帆布包的一定比背大牌包的活得差?谁说吃鸡蛋煎饼的与吃法式精致甜品的相比,一定活得不幸福?况且,这个世界上大部分人的差距是微小的,大家都在过着属于自己的平凡人生而已。

记住,你的人生是自己的,唯一能评判的人只有你自己。只有你自己开心了满足了,才算得上真正的成功。

作家德波顿说:"不应该因为自己的生活够不着某个毫无真实性的标杆,就开始顾影自怜;或只是因为无力挑战某些心惊肉跳的障碍,就开始自我埋怨。"不必按照别人的眼光来活,你可以随心所欲地定义属于你自己的成功。不必追赶"标配",你真正需要做的是尽

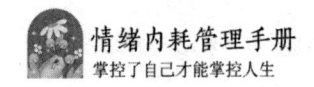

一切努力，慢慢靠近你真正想要的生活。而在努力的过程中，你要用心去感受所有的甜美与苦涩滋味，享受顺境时的阳光雨露，顽强抵抗逆境时的风雨摧残，任何时候都笑得灿烂。如此，才算没有辜负岁月。

## 能力配不上野心，就按照自己的节奏努力

《不是每个故事都有结局》这本书中有句话是这样说的："人生最大的痛苦，大多来源于能力配不上野心，自己配不上欲望。"嫉妒因此如影随形。

其实，每个人的天赋有高有低，步伐有快有慢，成长的节奏也各不相同。一味心急，只会让幸福离你越来越远。如果你各方面资质平平，不妨跟随着自己成长的步调去努力。

《别让任何人打乱你的人生节奏》这个短片给人留下了深刻的印象。短片一开始，校长慷慨激昂地说："再过两年，你们就会完成 A levels 的学业。再过三年，你们就会到自己想去的国家，上自己想上的大学。再过五年，你们就会开启自己的职业生涯……"

他的话被一个男人打断，男人走上讲台，侃侃而谈："我想告诉您不是这样的，有的人21岁毕业，到27岁才找到工作；有的人25岁毕业，却马上找到了工作；有的人没上过大学，却在18岁就找到了热爱的事业；有的人一毕业就找到了好工作，虽然赚了很多钱，却过得不开心；有的人选择过几年再去寻找自己的目标……我想说的是，人生

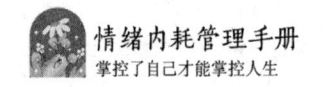

中每一件事都取决于我们自己的时间。你身边有些朋友或许遥遥领先于你，或许落后于你，但凡事都有它自己的节奏，耐心一点。"

NBA"独行侠"老板库班25岁的时候还在酒吧做酒保；马云35岁才创办阿里巴巴；摩根·弗里曼52岁才迎来他演艺事业的春天；被拒12次后，32岁的J.K.罗琳才成功出版了自己的小说《哈利·波特》……他们从不羡慕别人的成功，反而专注于自己的跑道，并在属于自己的时区里耐心奔跑。

然而，现实生活中很多人却无比嫉妒他人远远跑到了自己的前头，为了赶上别人，他们不断加速，结果要么累得筋疲力尽再也跑不下去，要么中途扭伤了脚，丧失了竞争力。

"生活达人"松浦弥太郎说："比起随波逐流，我更想以自己的节奏度过一天。"越是与别人攀比，越不容易满足"自我实现"的需要。倒不如按照自己的节奏去生活，用心关注自己脚下的路，以最舒服的状态匀速向前奔跑，早晚有一天，你会实现预期的目标。

速度慢一点没关系，只要你下定了决心，一步一步扎实地往前走，梦想终将会在未来的某一天开花结果。

## 第九章
# 走出完美主义的恐慌，破除内心的神秘魔咒

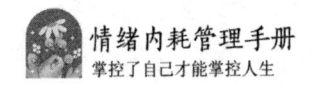

## 你是一个完美主义者吗

你总想在别人面前表现出最好的一面,但当别人的表现比自己好时,你是否会失落难过?是否总想让每一个人都满意,自己却活得很辛苦呢?是否事事都追求完美,不允许出现任何差错,一旦有一点点不如意,就会忐忑不安呢?如果你出现了类似的情况,那么无疑是完美主义者。

有哲人曾经说过:"完美是一种毒,它在一点点侵蚀着你的灵魂。"英国首相丘吉尔有句名言:"完美主义等于瘫痪。"当然,这是阐释完美主义的不完美之处,而完美主义也有值得称赞的地方:证明你是一个比较严谨的人。可以满意但不必完美,这才是真正的生活。

一位先生来到一家婚姻介绍所,介绍所大门后面是另外两扇门。一扇门上写着"美丽的",另一扇门上写着"不太美丽的"。他想都没想就推开了"美丽的"那扇门,结果又有两扇门出现在他面前,一扇门上写着"年轻的";另一扇门上写着"不太年轻的"。他推开了"年轻的"那扇门,迎面又遇见了两扇门⋯⋯

他就这样先后推开了美丽的、年轻的、善良的、温柔的、有钱的、忠诚的、健康的、文化程度高的、具有幽默感的九道门。当推开最后一道门时,他看见门上贴着一张纸,上面写着:"您的追求过于完美,请去大街上找吧,这里没有十全十美的女士。"

完美主义者把追求完美的欲望建立在不完美的现实基础上,因而陷入了深深的焦虑之中。要知道世界上没有完美的人和事,但完美主义者却乐此不疲地不断追寻着,最后却毫无所获。

完美主义者分为适用型完美主义和不适用型完美主义两种。有关数据显示,追求适用性完美主义的人群对自己严格要求,能微笑地面对生活中的不如意,从而变得优秀起来,形成良性循环。

完美主义又是一把双刃剑,过分追求完美是一种精神洁癖。稍微存在一点不完美,便会不自觉地焦虑起来,这一点在日常工作中尤为致命。

总结完美主义的行为模式:立志完美(信心满满)、拖延起步(久久不开始)、时间逾期、自我谴责焦虑。完美主义者的本性必然带有焦虑特质:"我必须做好""我必须得到所有人的关注和认可",这些完美想法会迫使其更加关注结果可能带来的利害关系,一旦失败,就担心成为他人的笑柄,妄自菲薄。

完美主义者并不像看上去那么强大,他们通过追求完美来证明自己强大。纯粹的完美主义者在现实里很难受人欢迎,因为人都是有复杂情感的生物,而不是高精准的机械,完美主义似乎少了一些人情味。比如,观众更喜欢贪吃的懒羊羊而非完美的喜羊羊,允许不完美才是健康的人格。

一个心智成熟的人应该明白,选择完美必然要付出成本,其中包

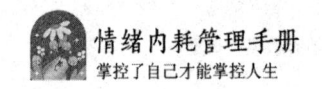

括时间、财务、机会等。人必须允许存在一些小缺憾，才能把更多精力放在主要目标上。对完美主义多一分理解，允许自己不完美的同时，有针对性地利用完美主义，摆脱完美主义带来的焦虑，建设好积极向上的精神花园。

第九章 走出完美主义的恐慌，破除内心的神秘魔咒

## 什么是消极的完美主义

完美主义分为适用型完美主义和不适用型完美主义两种，我们常说的以及需要改正的完美主义恰恰是不适用型完美主义，也被称为消极完美主义。具有这种心理模式的人存在严重的"不完美焦虑"，表现如：做事犹豫不决、害怕出错而过度谨慎、过分在意细节、强迫完美等多方面。完美主义本是追求完美，而消极完美主义的突出特点是害怕不完美。

方颖是一个消极完美主义者。有一次，为了达到领导的要求，她每天熬夜加班，做出了多个不同的版本的方案，即使这样她仍然担心方案会出什么纰漏。

果然，当领导说这几个方案都不能用时，她惶惶不可终日，整个人的情绪都出现了问题。她还常常因为同事提出的一点小建议就自责不已。

朋友说："你什么事情都要做到完美，这样迟早会把自己累坏了。""我不是追求完美，我是怕不完美，再说累坏总比把工作搞砸要好。"不过，看着自己疲惫不堪的身体和心理，在朋友的劝慰下，

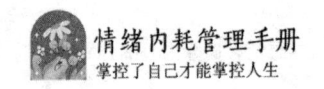

方颖决定尝试放弃消极的完美主义。从那以后,她的工作状态越来越轻松,工作上的小问题改正后也不会太过纠结,同事之间的关系也越来越融洽。

很多人的工作压力都是因为选择了消极完美主义。没有人天生就是"全优生",如果时时自责,全盘接受别人的意见会让自己越来越抑郁,同样会让人觉得我们一无是处。

老板下达了一个任务,一段时间过去后,员工始终没有动作。老板问员工:"怎么还不开始呢?"员工低着头说:"我还没有做足准备工作,我想再等等。"老板听了之后说:"我明白你想将这个任务做完美,可做再多准备,如果不动手,怎么知道哪里有问题?'完美'又从何而来呢?"

员工深受启发,立刻动手,几天后任务完成。老板前来验收成果时,指出了多个不符合要求的地方,员工立马丧失了斗志。"努力的结果,即便不那么完美,只要你的态度端正,大不了多改几次。不要怕不完美而去追求完美。"听了老板的建议,员工立刻有了信心,在原有的基础上修改多次之后,圆满完成了任务。

因为消极完美主义而拖延,不如行动在当下,先完成后完美。这样既能避免消极完美主义的情绪泛滥,又可以保持积极姿态,何乐而不为呢?消极完美主义者的显著特点:攻击任何不完美的事物,寻找外界不符合完美标准的缺陷,永远关注负面事物。

真正的完美是在一次次完善中无限接近,明白了这一点才能将问题改正,而不是为问题而焦虑。克服消极完美主义,需要做到以下三点。

第一,接受不完美。任何一个完美主义者都应该知道世界上没有绝对的完美。正因为他们不愿接受这个事实，才会为了完美而苛求自己。说服完美主义者的难度不亚于叫醒一个装睡的人，最好的办法就是让他们接受不完美。

第二，更注重过程而非结果。消极完美主义者做事的时候会过分看重事件结果。如果预想到结果存在不乐观的可能，他们的情绪会受打击，心里会提前打退堂鼓。所以，享受过程的重要性不言而喻，至于结果，只有努力付出，才可能会有好的回报。

第三，心中对消极完美带有敏感性，随时想与人倾诉。当我们察觉到消极完美主义抬头时，立刻要进行心理调整，这一行为是克制消极的完美主义，而非完全毁灭，因为完美主义是人性客观存在的一部分。当与他人进行有效沟通时，能够获得足够的心理支持，焦虑压力会得到缓解。

克服完美主义注定是一个步步为营的过程。王家卫在《一代宗师》中说："所谓大成若缺，有缺憾才会进步。"消极的完美看似诱人，实则是焦虑情绪的陷阱，与其在其中苦苦沉沦，不如在不完美的缺憾中前行。

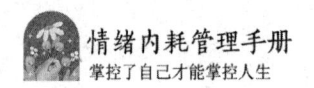

## 要好的，还是要合适的

选择一件物品，你会选择合适的还是好的？好的物品仅仅是价值或品质层面的界定，而合适的物品能够弥补你的生活所需。可见，合适的才能够完善我们，而不是那些所谓好的、贵的物品。

什么样的人最适合我们，我们并不知道，或许只有找到时，他才是最好的存在。比如买一双鞋子，周围的人都觉得这双鞋子特别好看，但是在你看来这双鞋子很普通。这时，如果你不满意，那么这双鞋子只能算好，不能称为合适。

只有适合自己的，才是最好的。但有些时候，我们并不能做到什么都适合自己。如果强行撮合、强行追求，最后只会给自己带来伤心和失望。举一个东施效颦的故事：西施因为心口疼，经常皱眉捂胸。一丑女见了，觉得她的样子很美，也学着她的模样走东串西，不料却遭人嘲笑。

在现实生活中，大多数人期待着自己能过上天天喝咖啡、下午茶的日子，还有说走就走的潇洒生活，不管是否适合自己，也不管自己是否拥有那个能力和财力。

## 第九章 走出完美主义的恐慌，破除内心的神秘魔咒

刚毕业那会儿，郑健对于人生成就的定义是去一所世界级名牌大学深造，然后进入一家大公司工作。然而，现实却是他回到家乡的某所中学当了老师。工作轻松，自由时间充裕，收入不高，但是在这个小县城里足以维持一家人的生活。即便如此，多少年来，曾经的梦想却一直萦绕在他的心头。

毕业二十年同学聚会，郑健是"低着头"去参加的，因为许多老同学出国深造后，现在都成了行业的佼佼者。

交谈中，郑健发现那些"成功"的同学其实也非常苦恼：虽然薪资高，但他们并不喜欢自己的工作；为了做项目，每年都在"环游世界"，能陪家人的时间很少……

所以，不要盲目羡慕别人，任何事情只有感同身受，明白背后的真相，才能知道是否适合自己。

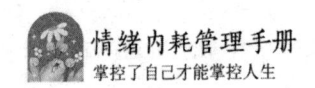

## 正确看待已拥有的和未得到的

每当看到《大话西游》中至尊宝懊悔的经典片段，很多人都会感同身受：曾经拥有的不知道珍惜，失去以后才后悔莫及。

一般来说，贪心的人总觉得自己拥有的东西没有别人的好，得到的不知道珍惜，得不到的苦苦追寻。对于这种心理，调整的时候有两种办法：一种是"比上不足是挑战，比下有余是知足"；另一种是"得不到的东西没有想象中那般美好"。

杨慷的老板比他小一岁，每年赚几个亿。杨慷经常反思：同样都是人，为什么差距这么大呢？他经常为自己的无能而忧虑不已。直到有一天，杨慷参加了同学聚会。在昔日同学们眼中，他却成了成功人士，三十出头的年纪，房子、车子都有了。与他比起来，朋友还在温饱线上挣扎。

同学们的一番话让他明白这一切都是自己的心理、心态出了问题。他告诉自己：人与人的可比性在于向强者学习。自那以后，杨慷更加卖力地工作了。面对年轻的老板时，也可以保持心态平和，不卑不亢。一个懂知足的人一定很快乐。看看那些不如自己的人，这并不是让你幸灾乐祸，而是要你学会珍惜已经拥有的东西，这是一种开悟。但是知足并不是盲目乐观，满足于现状，更不是不求进步。

人需要一个标杆做榜样，激励你不断向前，这个"比"不是为了面子、虚荣去攀比，是懂得珍惜已得到的东西，并努力争取未得到的。比如，工资不高就不要借钱买名牌，普通衣服也可以穿得很有范儿。现在努努力，将来你也可以穿那一身名牌。

可是欲壑深不见底，贪婪的人最终将失去平静的心境，整个人在焦虑的情绪间起落挣扎。老子说："祸莫大于不知足，咎莫大于欲得。"不知足是最大的祸患，贪得无厌是最大的罪过。不知足的人往往把钱财物、家世、地位等世俗观视为成功的标准，为拥有财权不择手段，其结果必定是一无所有。

无止境追求未得到的东西可以体现上进心，但是得不到的东西一定就是美好的吗？按照常理来说，容易得到的东西就容易被忽视，得不到的东西往往被认为是美好的。

当我们追求"未得到"的东西时，不是事物本身的美好吸引着我们，而是得到它的梦想在蠢蠢欲动。它只是刺激了我们的征服欲，有时候保持"人生若只如初见"的感觉最美妙。

得不到的时候总是充满幻想，得到后很容易发现缺点，然后失去兴趣，这是一种常态化心理。我们喜欢走弯路，费尽心思追求不属于我们的东西，而对眼前拥有的东西不屑一顾，这是人的通病。等到失去时，才去后悔。

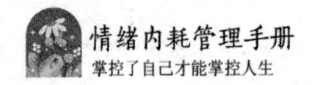

世界上最珍贵的不是"未拥有"和"已失去",而是"已拥有"。

人总得活在现实里,当下最重要,"未拥有"代表将来,现在得不到,将来又无法确定。"已失去"代表过去,再也追不回来,无力改变。但我们可以掌控眼前已拥有的生活,珍惜、知足,踏实过好当下每一天比什么都重要。

# 适度降低期望值

如果用自己双手完成梦想，你会觉得收获多多，特别幸福。但期望过高，最后完不成也会让人烦恼不堪。追求更好是人类的天性，人们总希望做得越来越好，希望生活、工作不断进步。

但是，在现实生活中，有不少人给自己定下了不切实际、难以企及的目标，从而被焦虑困扰。

快乐与期望成反比，期望越高，快乐越少。这个期望除了自我期望，绝大部分是来自外界的期望。其中包括外界对自己，自己对外界。很多压力是因为我们太在意别人的眼光，如果能适当降低期望值，抛掉完美主义幻想，方能轻松自如。

期望完美有三个来源。

第一个是外界指定自己。完美主义者之所以追求完美，是因为其他人。尤其是他身边的重要人员，如对象、父母、兄弟、朋友等，都对他有很高的期待，并会对他的成就做出评价。不同于另外两种类型，这类完美主义者的完美标准来自外界。

林芳从小就被父母要求好好学习，从小学到高中从未敢放松，周

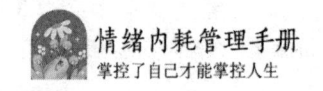

末补习班更是家常便饭。大学以后，本想着能够放松一下，不料父母告诉她邻居的女儿考上了某名牌大学读研究生。他们要求林芳大学也不能松劲，要继续努力。

在父母的鼓动下，林芳拼命地学习。但在得知自己没有考到名牌大学的研究生后，她伤心欲绝，觉得自己辜负了父母期望，一度陷入抑郁，最后不得不中断学业。"只有我在他人眼中足够完美，别人才会觉得我有价值。"很多完美主义者都有类似的想法。因此，他们也会为了别人的认可而努力达到完美以讨好、取悦他人。其实，别人的高期望是一种变相"绑架"，不要把别人的期望看得过于重要。你可以先问问自己："这是不是我所期望的？"如果不是，一定要果断地拒绝。

第二个是自己指定外界。这类完美主义者将完美要求指向他人，以高标准要求别人。这一心理因素是身边的人不完美，从而影响了自身完美，因此完美主义者会毫不客气地对他人的行为评头论足。

在很多人眼中，"自己指定外界"的完美主义者往往刻薄、充满敌意，但是这完全是因为思考角度不同，思考方式不同。他们敢于要求别人完美，必要先完美自身。同时也招致了不信任、厌恶，会让这类完美主义者感到孤独。

第三种是最常见的自我完美。这类完美主义者对自身有着苛刻的要求，一旦觉得自己不够完美，便会严苛批评、责怪自己。前面两种完美总会给人一种"强迫、恨铁不成钢"的感觉，而不同于前两种，这类完美主义者有更为强烈的自我成就动机，他们渴望通过自己的努力实现成就。

## 第九章　走出完美主义的恐慌，破除内心的神秘魔咒

吴天赐大学时给自己定下了一系列的人生目标：学习和事业要不断进步，在语言、体育、音乐、电脑等各方面要逐步精通。起初他很有动力，可到后面渐渐感觉力不从心，稍微有一个计划没有落实就会影响一天的心情。迫于完美主义的内心痛苦，他开始反思自己："在完美主义中，我必须在每个方面做到极致，太痛苦了，我必须重新审视自己。"后来，吴天赐从完美主义转变成完善主义，心态立刻好了起来。比如打篮球，不要求自己一定要比谁强，但最起码能出汗锻炼就行。

当完美主义道路行不通时，一定要转变思路，尝试一下完善主义：即便得到一点点，我也是幸福的。完美主义者总是希望自己是一个完美的人，力争事情做到尽善尽美。

完美主义者还有一个等同的缺点：对缺憾感到恐惧，即他们有多渴望完美，就有多恐惧缺憾。二者都是极致的，归根结底是对目标的期望太高，怕失败后无法面对内心的期望。

完美主义者在给自己设置高标准、高期望的同时，也在给别人设置同样的标准。他们会要求身边的人也都是完美的，这一标准可能会更高，甚至不断提升。

是何种类型的完美主义，羞愧感都是导致完美主义的重要诱因。完美主义是一种认知行为的过程。也就是说，如果我看起来很完美，工作得很完美，任何事都做得很完美的话，那么我就能够避免羞愧、嘲笑和批评，这其实是一种自我防御机制。

通过降低期望值来克服完美主义是一种有效方法，具体做法有以下三点。首先，改变自我认知，学着宽容、接纳自己，降低对事物的期望，改变以往事事追求完美的心态。其次，接纳自己和他人的脆弱

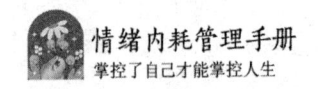

与缺点，理解不确定性所导致的结果，还要学会对别人的期望"视若无睹"，同时也不会担心做不好被嘲笑、批评。最后，做一个一直进步，并以进步为乐的完善主义者，减轻完美带来的心理负担。从心理上稍微降低一下标准，这要比改变外在的事物容易得多。

第九章  走出完美主义的恐慌，破除内心的神秘魔咒

## 不必遗憾，没有一个选择会是完美的

在心理学著作《选择的悖论》中提到，完美主义者通常设置高标准，追求极致，并且只愿接受极致的好，这让他们在行动时会花很大的精力做大量的准备工作。同时，他们往往纠结于解决问题的那个最优的选择，这导致他们在面对选择时会犹豫不决，甚至患上"选择恐惧症"。

有这样一则寓言故事：一位哲学家养了一头小毛驴，他每天都要向附近的农民买一堆草料来喂。这一天，送草的农民听说驴主人是一位哲学家，出于对哲学家的景仰，他在送了足量的一堆草料后，又额外多送了一堆放在旁边。

这下子，哲学家的毛驴高兴坏了，但是随后它站在两堆数量、质量和与它的距离完全相等的干草之间，却犯了难。它虽然享有充分的选择自由，但由于两堆干草价值相等，客观上无法分辨优劣，于是它左看看右瞅瞅，始终无法决定应该吃哪一堆好。

于是，这头可怜的毛驴就这样站在原地，一会儿考虑数量，一会儿考虑质量，一会儿分析颜色，一会儿分析新鲜度，犹犹豫豫，最终

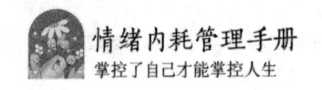

在无所适从中活活饿死了。

那头毛驴会饿死，是因为它不懂得该如何选择。俗话说："鱼和熊掌不可兼得。"世上哪有什么十全十美的选择。这头小毛驴就是既想得到鱼，又想得到熊掌，结果鱼和熊掌皆失。

完美主义的思维与行为方式，使他们在追求完美的过程中贻误了良机，在可能与不可能、可行与不可行、正确与谬误之间错误地选择了后者，是最大的不完美。

每个人在生活中都会面临种种抉择，如何选择对人生的成败得失关系极大。人们都希望得到最佳的结果，所以常常在抉择之前会反复权衡利弊，斟酌再三，甚至犹豫不决。但是，机会稍纵即逝，并不会留下足够的时间让我们去反复思考，反而要求我们当机立断，迅速决策。如果我们犹豫不决，就会两手空空，一无所获。

人生总有许多憾事，世间万物没有十分完美的，因此不必为生活中的错误选择而遗憾，永远留着一份宁静给心灵，留着一份从容给脚步，留着一份信念给生活，留着一份热情给追求，留着一份希望给明天，留着一份无悔给人生。

## 坦然面对生命的低谷期

完美主义者很难享有内心平静的时刻，这是由于他们内心中那不断挑剔的声音在提醒着他们，他们有更高的目标还未达到。而在面对挫败的时候，他们会为自己完不成愿望而自责、发怒。对自己的怨恨，很容易使他们陷入深深的自卑和沮丧中。

要知道，成败有时并不是我们能够决定的，我们不必去计较，更不必去埋怨，我们唯一能做的是——面对生命赐予的时候，常怀感恩之心；面对生活的戏弄时，显示我们宽广的胸襟。

古人说："胜者不骄傲，败者不气馁。"讲的就是这个道理，当你经过自己的一番努力取得成功的时候，切不可沾沾自喜，骄傲于世，目中无人，而应该总结成功的经验，再接再厉，向更高、更好的目标而努力奋斗；当你遇到挫折与失败的时候，也不要灰心丧气，破罐子破摔，而应该仔细检查自己做的事情，从中找出原因，不断总结，就会从失败走向成功。

北宋著名的诗人苏轼，极受后世之人所喜爱和推崇。究其根源，除了他留下的无数中华文化瑰宝之外，他那独有的人格魅力——他的

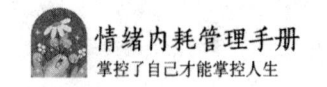

豁达坦然、执着勤奋、率真性情也是一个重要原因。

谈起苏轼，我们最先想到的是他豁达的人生态度。较之于东床快婿天然的放达，更觉得苏轼那历经人生风雨之后的坦然尤显得弥足珍贵。

苏轼的这种人生态度，在他的诗文辞赋中信手可得。他对平凡小事和自然景物的敏感，让他从中挖掘和体悟出独特的人生哲学，即使对于出行遇雨如此败兴之事，于他却是"何妨吟啸且徐行"，而且还很开心地吟出"竹杖芒鞋轻胜马，谁怕？一蓑烟雨任平生"！这样坦然的胸襟，真是令人佩服。

而一生历经官海浮沉、历经荣辱的他，却从人生挫折中总结经验。当他"已绝北归之望"时，却以乐观的心态从苦难中发现了贬谪之地惠州的美："罗浮春欲动，云日有清光。处处野梅开，家家腊酒香。"

苏东坡真正做到了，凡尘俗事皆不足苑囿于心的境界。正如亨利·挪威所言：我们内心深处似乎已经明了，成就、声名、影响、权力和金钱都无法换来内心如孩童般纯粹的欢愉和宁静。

坦然面对，就是要有一种达观的人生态度和从容的处世能力，这种态度和能力就是不轻信、不盲从、不气馁；就是要让回家的脚步变得轻盈而欢快，把最灿烂的笑容献给每一个人；就是面对最痛苦、最艰难、最纠结、最落魄、最苦的日子也要坚强起来，从容面对，相信世上没有过不去的坎、没有过不去的痛、没有过不去的山。翻过山后，风景依然艳丽，花儿依然美丽。没有过不去的，只有不想过的，只要我们坦然面对一切困难，任何问题都已不是问题，风雨过后见彩虹，头顶阳光依然葱茏依然。

坦然面对我们生命中的低谷期，会让我们的生活美丽而快乐！

# 第十章
## 自暴自弃要不得，懂得接纳和拥抱自己

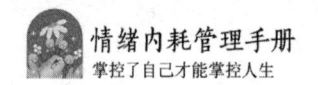

## 敢于承认自己的错误更受欢迎

在生活中，有的人犯错后往往会不愿意承认。即使意识到自己错了，他们也会强词夺理说自己对了。因为他们不会将错误视作学习与成长的机会，反而将错误视为自己不够好的证据。

但是一个人要想摆脱失败的困扰，获得成功，就要有承认自己错误的勇气。承认自己的错误，是对自己所做过事情的一个总结，敢于面对自己错误的判断、错误的决策以及错误的行动，只有这样才能真正地从眼前的失败中吸取教训，才能够得到成长。

罗曼是一位商业艺术家，他的工作是按广告商或出版商的要求绘画，干这一行最重要的是精准明确。罗曼工作很认真，细节刻画得非常到位，所以他的业界口碑很好。但是，有些客户要求罗曼在短时间内完成绘画。在这种情形下，难免会出一些小问题。

最近，罗曼又接了一个紧急订单。当他将画送过去没多久，就接到了那个客户的电话，要罗曼马上去他办公室找他。不出罗曼所料，那个客户怒气冲冲，似乎要狠狠地批评、教训他一番。

罗曼知道是自己太急着赶进度，出现了点错误。他思忖了片刻，诚恳地道歉道："先生，我知道您会不高兴，是因为我的疏忽。您以前也在我这里预订过画，对于您这样的老客户，我应该画得更认真才是，而我却只顾着赶进度……我感到非常惭愧！"

没想到，那位客户听他这样说，不但没有批评罗曼，还替他分辩说："话虽然如此，不过还不算太坏……只是……"

罗曼接着插嘴说："不管坏的程度如何，总会受到影响，再小的瑕疵让人看见了都会觉得讨厌。"

他接着又说："我应该处理好那些小细节的，您付了钱，就应该得到您所满意的完美的作品……这幅画我带回去吧，我重新给您画一张。"

客户摇摇头说："不，我不是这个意思……其实……我也不想找你麻烦……"

接着，客户竟然开始称赞他，并对他说，他只要求一个小小的修改就可以了。他还安慰罗曼，这是一个极其细微的错误，不需要太放在心上。

由于罗曼认错态度很好，而且一直在批评自己，使客户的怒气全消了。最后，他还请罗曼一起吃了顿午饭。他们在饭后闲聊的时候，又谈妥了另外一个新的项目。

生活中有很多人即使犯了错也死不承认的原因并非全部出于维护尊严，而是大家都有的一种自我保护的本能，是条件反射，是不受自己控制的。所以，像罗曼这样勇于认错的做法是令人敬佩的。

在生活中，没有人会不犯错，有的人甚至会一错再错。如果能正确面对自己的弱点和错误，拿出足够的勇气去承认它、面对它、改正它，就能弥补错误所带来的不良后果和损失，而你也能重新获得别人

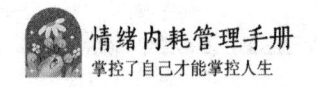

对你的原谅和信任。

在漫漫人生路上，不小心绊倒了、摔跤了，或者一时大意走错了方向，这些都不可怕，站起来，揉揉痛处，抖落身上的灰尘，或者停下来，找到正确的方向，继续走就好了。最怕的就是站起来后，不承认是自己不小心摔了跤，或者自己走错了方向，固执已见，那就危险了。

改正错误，什么时候都不算晚。一个人有勇气承认自己的错误，不仅可以消除负疚感，而且有助于解决错误造成的后果，做好善后工作，获得他人的喜爱和尊重。

## 接纳自己，先从接纳自己的形象开始

生活中，有许多人对自己外在形象很在意。比如，看着镜子前面的自己："小小的眼睛""矮矮的个子""胖胖的身材"时，很多人会痛苦得难以接受，甚至不甘地大声呼喊："这真的是我吗？"

作家李小娟在朋友圈里发了一张自己二十岁时的照片，150个人给她点了赞，这让她突然意识到，曾经的她竟然没有一天觉得自己是漂亮的，为此她感到非常后悔。同时，她想到了生活中有些人一辈子都不肯接受不完美的自我，那岂不是要抱憾终身？

比如她的朋友张笑颜，一名因为胖而万念俱灰、寻死觅活的女孩。张笑颜认为就是因为胖，自己才得不到好的工作，得不到好的男人，得不到好的待遇，得不到好的运气……她最爱说的话是每次出门都会看到别人"鄙夷的眼神"。

李小娟认为，其实并没有人刻意鄙视她，而是她对自己的"鄙夷"，由此产生的过度自卑上升为一种心理疾病。对自我的鄙视就是无限放大自己的小缺陷，并上升为对自己生活的全盘否定。其实一切不幸不是因为你胖，而是因为你认为自己胖。

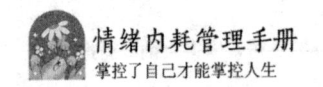

其实，李小娟也胖。在和肥胖打了四十年交道之后，她才找到了和它和谐相处的办法。那就是接受自己是一个胖人。"我接受自己的易胖体质，就像我接受自己不美，接受自己可能没法拥有完美人生一样。是的，我接受，这没什么，不完美很正常，因为没有人是完美的。"

心理学家认为，很多人之所以不愿意接受自己不完美的外表、身材，并为此而感到痛苦，根源在于对自己期望过高。每一个人都会在自己心中塑造一个完美的自己，这个自己集美丽（或帅气）、英勇、智慧于一身，是他们梦想中的样子。

所以，他们对自己的身材的强烈不满，源于内心的自卑。一方面自信的他们给自己的期望过高，另一方面自卑的他们又非常鄙视自己，认为自己样样不如别人，认为自己一无是处。由于极度自卑的心理，他们往往非常在乎外界的眼光，常把别人无意间的行为视为对自己的轻蔑和歧视，甚至别人随意的一句玩笑都会伤及他们脆弱的自尊。由于害怕别人的评价，他们会把自己封闭起来，以规避外界可能的苛责，比如不出门、不社交、不逛街，最后他们的朋友越来越少，他们内心也变得越来越自卑孤僻。

长期的自卑使他们变得越来越封闭，导致了负面情绪的快速累积，这给他们在生理上也带来了变化，比如一些肥胖者变得自暴自弃，结果体重越来越大，身体状况越来越差。

承认自己的各种缺陷，是一件很重要的事情。其实，我们每个人都是积极与消极的统一体。我们一生下来，身体上都会存在差异，有的人高大，有的人矮小，有的人瘦弱，有的人强壮，有的人长得端正，有的人则不够漂亮。除了外貌，我们身上还会存在着许许多多的性格缺陷。自卑、软弱、鲁莽、抱怨、逃避……拒绝接受还是坦然面对，不一样的心态造就了不一样的人生。

断臂女神维纳斯的雕像告诉我们——残缺也是一种美，人因为有缺陷才会更加真实。

接纳和拥抱心中的阴影吧！它可以让你的生活发生彻底的转变，宛如破茧成蝶般的天差地别。你不必刻意掩饰自己的缺点，不必假装成一个完人，也不必努力证明自己，因为那时你会拥有足够的自信，你可以自由追求自己想要的生活。

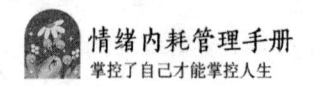

# 不必自我期望过高，养成普通人心态

丹尼斯·韦特利在《成功心理学》一书中指出，"自我期望是相信你能够实现自己人生需求的信念。"现实生活中的很多人对自己都有过高的自我期望。殊不知，过高的自我期望往往会导致失望、焦虑、抑郁等情绪问题。

李志文大学毕业后信心满满地步入了社会，想闯出自己的一番天地来。然而，接连几次面试，他都碰了壁，面试官不是让他回去等消息，就是直接拒绝了他。为此，他困惑不已，明明自己成绩优异，胸中有一腔热血准备干一番大事业，结果却连一张"入场券"都没拿到。

后来，在高人的指点下，李志文才明白，原来是自我期望太高惹的祸。李志文觉得自己有丰富的理论知识，且自己在大学的时候成绩也不错，所以面试的职务都是项目经理、总监等职位，完全不考虑小职员的工作。然而，这对于一般单位而言，谁会贸然聘用一个没有任何经验的人当经理、总监。再说，绝大多数的经理、总监也是从小职员慢慢成长为公司的领导和骨干的。

最终，李志文调整了自我期望，打算从小职员做起。没多久，他就找到了一份工作。

李志文是幸运的，在经高人点拨后，及时调整了自我期望，最终也得到了一个不错的结果。然而，现实当中还有不少人因为对自己要求过高，一旦自己的努力没有达到理想的状态，就会责备自己、怨恨自己达不到要求，不够成功。还有的人十分在意别人的评价，希望通过事业成功的方式让自己变得更完美，以获得他人的赞美。然而，过高的自我期望可能不是你成功路上的垫脚石，而是一只"拦路虎"，让你离成功越来越远，以致迷失了自我。

那么，我们应该如何克服期望过高的心理带来的困扰呢？首先，我们要根据自己的实际情况不断地调整自己的期望。理想很丰满，现实却很骨感。所以我们一定要脚踏实地，按照自己的能力去量力而行。其次，在通往成功的路上，失败不可避免，把失败当作对自己的一次次历练，相信经历过风雨的你，更能感受成功的美好。当然，最终如果没有成功也没关系，不必纠结，不必落寞，因为即使我们只是个普通人又如何。所以，我们不要害怕失败，大胆上路，勇敢前行即可。

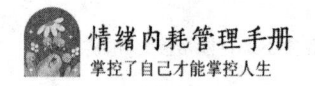

## 保持本色，安静做好自己

从前，有一个园丁管理着一大片园子。一天清晨，他像往常一样走进了园子，他惊奇地发现一大片花草树木都已经奄奄一息、了无生气了。

园丁思来想去没找到原因，便问榕树究竟发生了什么事。榕树说，它不想活了，因为它无法像红杉那样高大雄伟。红杉也沮丧地告诉园丁它想自我了断，因为它不能像苹果树那样结出香甜可口的果子。一旁的苹果树也在抱怨，说它不能像月季一样浑身散发着芳香。

最后，园丁一边问一边走，不知不觉来到了花园的一角。这时，他看到一株不起眼的小花，一副生机盎然的模样。

"你为什么在如此消沉的环境中仍能昂首挺立着？"园丁好奇地问道。不起眼的小花快乐地回答道："我知道自己不过是一株小花，但我决定扮演好自己的角色，做一朵最好的小花。于是，我每天都很快乐！"

确实，现实生活中有很多人就像上面这个故事中的各种树一样，

## 第十章 自暴自弃要不得，懂得接纳和拥抱自己

总是羡慕别人的优点、别人的精彩，而想改变自己，成为受欢迎的样子。殊不知，每个事物的存在都有它存在的原因，不要过分羡慕别人，因为你也有别人羡慕的地方。所以，保持自己的本色就好。

好莱坞一位著名的制片人戈德温，把英国戏剧家莎士比亚说的"要忠于你自己"作为人生的信条，他认为忠于自己，保持本色，人生才能获得真正的自由。

戈德温并没有在哈佛或牛津等名牌大学读过书，他所受的教育，只是晚上进夜校所念到的那么一点点。虽然他并不是一个研究莎士比亚的学者，可是他觉得上面那句话是自己走向成功最正确的指路牌。

他在好莱坞待了多年，见过许多想试一试时髦电影风格的男女明星，想抄袭他人风格的导演，想模仿那些成名剧作家的编剧，以及想放弃自己的风格而学别人的人，他最终给他们的忠告就是"保持本色"。

生活中的我们太过于在意别人的眼光，而常常忘记了自己的初衷，最后非但不能成功，还失去了自我，活得不快乐，过得不舒坦。

从心理学角度来说，人的内驱力在心理层面主要是认知力、情感力和意志力，其对应的三种心理需要就是认知需要、情感需要和道德需要。人的认知需要、道德需要和情感需要主要表现为人对真、善、美的追求。人生可以平凡地度过，也可以不平凡地生活，每个人的标准不一样，不要总想着符合社会的期待，去追求你自己的成功就可以了。

每个人都有自己的思维方式，所以想法也会各不相同。就像有人喜欢热闹，有人喜欢安静一样。我们不能说哪种生活方式更好，只能说哪一种更适合自己，是自己想要追寻的。世上的事没有对错之分，

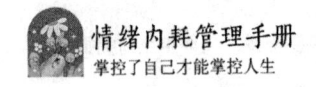

只是选择不同罢了。不管选择了什么样的路，都不会一帆风顺，没有不经历风雨就能见彩虹的人。不管是失意、坎坷、挫折还是多么沉重的打击，都不是我们不能重新振作的理由。可以流泪，可以哭泣，但是之后，我们仍旧要上路，继续前行。

所以，不管你选择了什么，坚持了什么，都不要在意太多，只管坚持自己，做自己就好。做那个能温暖自己也能照亮他人的人。也许我们不完美，会有太多的缺憾，但是所有的一切都不妨碍我们去遇见那个更好的自己！做自己就好，只要你愿意，你终将遇到那个闪亮的自己！

## 人生最大的枷锁，是对自己的不接纳与不认可

一个不能接纳和包容自己的人，习惯于否定自己，否定身边的一切。久而久之，这成了他们身上的一道枷锁，让他们失去了自我。

在各种社交网络中，我们经常能看到网友妄自菲薄："讨厌自己，懒惰、自私，全身充满着各种缺点，还成天想着旅游玩耍，真的一无是处。"人都是不完美的，这并不影响正常生活，有人做事拖拉，但性格干脆直爽；有人办事马虎，说话却一诺千金。各种各样的优缺点并非单独充斥在灵魂之内，而是共同存在，在不同的情况下分别出现，看到自己的长处，接纳自身的不足，才能迎接更完整的自我。

陈蕊参加十周年同学相聚时，发现舍友赵晓慧像变了一个人似的。当年的赵晓慧是一个不自信的典型，她时常给人一种从头自卑到脚的感觉。这次再见面，赵晓慧俨然变成了一位自信满满、落落大方的姑娘，大谈特谈目前的生活、未来的理想，从她身上丝毫看不到以前自卑的影子。

陈蕊好奇地问道："怎么感觉你整个人都变了？"赵晓慧露出一

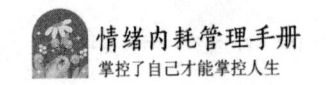

丝得意的微笑,说:"毕业后的一段时间内,我还是跟以前一样自卑,觉得自己没有什么优点。不过,后来我发现自己虽然有很多方面比不过别人,但同样我也有许多地方比别人优秀。

"比如,虽然我不善于社交,但是我做事细心;我的家境虽然不好,我却更加能吃苦。正是这些小优点,我在单位做得还不错,后来不断受到上司的赏识,失去的信心也逐渐回来了,而我也感觉自己变得越来越好了。"

心理学家认为越是敏感脆弱的自卑者,就越会苛责自己。他们生活在别人的评价体系和评判标准中,并借此来衡量自己。当现实无法给他们带来理想中的认同和肯定时,他们会加倍排斥和否定自己。

其实,这并不是真正意义上的追求卓越。他们潜意识里的苛责,实际上是一种自卑。过往的经历,让他们深信,如果自己不优秀就不具备被人喜爱、被人认可、被人接纳的资格,在尊严和人格上就会低人一等。所以,他们必须要更严格地要求自己,甚至苛责自己,才能让自己的价值匹配得上别人眼里的期望。

直面自我,让他们觉得太过残酷,也会让他们变得焦虑不已,于是他们无法接受,只能选择逃避。可当对自己苛刻到不能承受的时候,他们的自我认同体系就会严重失衡。然后,他们便倾向于将这种"不完美"转移、释放。

其实,接纳与认可自己,从来都不是一件容易的事情。有句话说得好:"真正的进步不是焦虑地自我怀疑,而是带着自我接纳体会进步的喜悦。真正的进步不是被自己的不满和焦虑驱赶着,而是被美好的目标吸引着。真正的进步都不是那么着急,我们默默努力更重要,耐心等着它开花结果。如果我们真的有病,我们也要带着症状投入地生活，相信成长会自然而然地发生。"

不喜欢你的人，在你抛弃自我、否定自我去迎合所谓"主流价值观"的时候，他们并不会接纳你，但你却因此失去了对自我的接纳和肯定，变得闷闷不乐。当你开始直面自我、直视内心去迎合自己真正的价值时，虽然不喜欢的人还是会不喜欢你，但你却可以认可自己、接纳自己，从中找到自我价值和人生的乐趣的同时，被更多的人喜爱和尊重。那时，谁还会在乎那点不值一提的别人家的评判体系和评定标准？

这时的你已经不是那个被困在枷锁里的可怜虫了，你已经学会接纳自己的一切，并开始享受人生了。

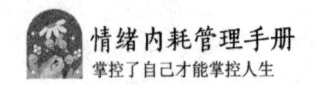

## 勇敢走自己的路，让别人说去吧

在网络上很火的英国"苏珊大妈"，相信大家绝对不会陌生。而那感动世界的表演也已成为经典——来自英国的一个无名小山村的苏珊大妈，从来没有参加过如此隆重的节目。站在英国达人秀的舞台上时，她显得有些紧张。她体态肥胖、长相一般。一上台，她这样的形象就引起来了台下一阵哄笑。

由于口吃，她讲话含糊不清，评委们那些不怀好意的问话，似乎也是有意让她出丑。苏珊说，她的梦想是成为伊莲·佩姬那样的歌手，而这个回答再次引得观众哄堂大笑。所有的观众都在想，眼前这位长相平平的妇人如何能同那位著名的歌唱家相比呢？

但是，苏珊丝毫没有受到刚才观众们嘲笑声的影响。当音乐响起时，她一开口，台下瞬间变得安静了下来。苏珊那天籁般的声音让他们感到震惊，所有的观众都凝神屏息，享受着音乐时刻。一曲唱毕，全场响起了热烈的掌声和欢呼声，这次大家是为她的精彩表演而喝彩！

一向苛刻的评委摩根，也称赞她是他在三年选秀节目中见到的最大的惊喜。苏珊成功了,她的歌声在世界范围内回荡,伊莲·佩姬也热情地与她会面,并同她合作演出,苏珊终于成为跟自己偶像一样的歌星。

苏珊大妈的全名叫苏珊·波伊儿。当她的妈妈死后,她便和一些小猫小狗生活在一起。但是,苏珊大妈从小就有一个梦想,就是成为一个伟大的歌星。她加入了教堂的唱诗班,成为其中的一员。多年来,她一直在坚持歌唱,直到被全世界人知晓。

苏珊大妈取得成功时,已经47岁了。在很多人看来,她早应该过了爱做梦的年纪,苏珊的成功正是源于她坚持了自己的目标。如果她没有想成为伊莲·佩姬那样歌手的目标,面对质疑,或许是她在智力上的缺陷帮了她,让她能够不畏人言,不懈努力,最终让梦想的阳光照进了现实。

现实生活中,有太多的人被流言所困,甚至因此放弃了自己的梦想或改变了自己的一生。更有甚者,被人打着"为你好"的名义裹挟前行,而那根本不是你想要走的路。如果你一味地听信他人,被他人左右,那你只能是别人的傀儡,过的也是他们想让你过的人生。

要知道,这是你自己的人生,你自己的路,应该由你自己来做主。或成功,或失败,或精彩,或平凡,皆是我心之所向,都是自己的一份宝贵的经历和经验。

所以,找到自己的那条路,然后走下去,让别人说去吧。